AMPLIFICADORES DE MICROONDAS

DE SEÑAL DÉBIL

Amplificadores de Microondas

de Señal Débil

José Amado

Fernando Bianco

Germán Naldini

UNIVERSITAS

CÓRDOBA

EDITORIAL CIENTÍFICA UNIVERSITARIA

Pje España 1467. Te: 4680913. (5000) Córdoba. Argentina
editorialuniversitas@yahoo.com.ar

Diseño de Tapa: Universitas

Autoedición: Universitas

Producción Gráfica: Universitas

EMAIL: editorialuniversitas@yahoo.com.ar

Amado, José Luis

Amplificadores de microondas de señal débil / José Luis Amado ; Fernando Luis Bianco ; German Eduardo Naldini. - 1a ed. adaptada. - Córdoba : Universitas Córdoba, 2020.

192 p. ; 25 x 17 cm.

1. Electrónica. 2. Comunicaciones. 3. Microondas. I. Bianco, Fernando Luis II. Naldini, German Eduardo III. Título

CDD 621.38130711

Hecho el depósito que marca la ley 11.723.

© 2020 1° Edición UNIVERSITAS

Prólogo

Las distintas tecnologías de comunicaciones cambian constante y rápidamente en nuestros días, y en particular las relacionadas a las comunicaciones móviles e inalámbricas, impulsadas vertiginosamente por los actuales *smartphones*. Se observa una marcada tendencia hacia el desarrollo continuo de dispositivos móviles e inalámbricos, que se comunican por medio de microondas, en frecuencias cada vez más elevadas. Estos equipos contienen en su interior una variedad de circuitos de comunicaciones de diversas tecnologías y complejidades, entre los cuales se cuentan los amplificadores de microondas, especialmente en la etapa de recepción, donde se requiere alta ganancia, bajo consumo y mucha linealidad. Todos los dispositivos de comunicaciones móviles que reciben señales, como los teléfonos inteligentes que habitualmente usamos, tienen en su interior al menos un amplificador de baja señal cuyo objetivo es maximizar la relación señal-ruido en la entrada del receptor, por lo que resulta crucial el conocimiento detallado de su funcionamiento, análisis y diseño.

La presente obra trata básicamente sobre la operación, análisis y diseño de Amplificadores de Baja Señal para comunicaciones en frecuencias de microondas, utilizando el modelo de Parámetros-S y la tecnología de Microtiras. Se basa en los principales textos de referencia en esta área y está orientado principalmente a cubrir los contenidos de materias del último año de Ingeniería Electrónica de la Facultad de Ciencias Exactas, Físicas y Naturales (FCEFyN) de la Universidad Nacional de Córdoba (UNC), donde se estudian circuitos de microondas, entre ellos, amplificadores de baja señal. No obstante, dado los contenidos que se abordan a lo largo del texto, resulta útil como material de estudio y consulta para cualquier estudiante o profesional que requiera analizar o diseñar amplificadores de microondas en baja señal, tanto a nivel de grado como de posgrado.

Se intenta poner al alcance del lector los fundamentos básicos para un correcto desenvolvimiento en el trabajo con este tipo de amplificadores, y a su vez, adquirir las herramientas necesarias para encarar estudios más profundos en el área.

Además de los temas referidos a amplificadores, se hallarán en el texto algunos temas asociados y autocontenidos, como el modelo de Parámetros-S o Microtiras, que constituyen temas fundamentales y básicos en el trabajo con circuitos de microondas, ya sean amplificadores u otro tipo de redes. Por estas razones, suponemos que el libro también representa un material de consulta para los ingenieros de desarrollo de circuitos de microondas en general.

Se ha tratado de mantener un equilibrio entre teoría, deducciones matemáticas, ejemplos y aplicaciones prácticas, con el objeto que el lector adquiera una idea suficientemente próxima a aplicaciones reales, manteniendo la debida base matemática. Además, se ha realizado una revisión bibliográfica exhaustiva, con lo cual el lector ávido de conocimientos más detallados podrá encontrar al final del libro un resumen de los textos más importantes en esta área de conocimiento.

Si bien no se considera estrictamente necesario, se recomienda al lector contar con conocimientos básicos de Campo Electromagnético (especialmente de Líneas de Transmisión), de Sistemas de Comunicación, Mediciones, y Simulación. En el caso particular de los estudiantes de Ingeniería Electrónica de la FCEFyN-UNC, bastará con que hayan cursado materias como Teoría de las Comunicaciones, Instrumental y Mediciones Electrónicas, y especialmente Teoría del Campo Electromagnético, dado que toda la teoría de circuitos de microondas se sustenta fuertemente en la teoría de campos y ondas electromagnéticas. No obstante, a lo largo del texto se realizan las revisiones necesarias para que el lector pueda realizar un seguimiento total del texto sin la necesidad de recurrir a otras fuentes o a estudios adicionales.

Esperamos que la lectura del material que aquí presentamos les brinde el mismo placer y entusiasmo que a nosotros nos ha brindado escribirlo.

J. Amado, F. Bianco, G. Naldini
Laboratorio de RF y Microondas
FCEFyN - UNC
C´ordoba, 10 de Agosto de 2019

Índice de Contenidos

ÍNDICE DE CONTENIDOS

Índice de Figuras

Índice de Tablas

ÍNDICE DE TABLAS

Siglas

BJT Bipolar Junction Transistor. 78

CAD Computer-Aided Desing. 7, 66

CAE Computer-Aided Engineering. 7, 66

DUT Device Under Test. 78, 79, 85

FCC Federal Communications Comission. 2

FR4 Flame Retardant Number 4. 62, 63

HF High Frequency. 3, 76

IEEE Institute of Electrical and Electronics Engineers. 2

ITU International Telecommunications Union. 2

MAG Maximum Available Gain. 141

MMIC Monolitic Microwave Integrated Circuit. 36, 40

MOSFET Metal-Oxide Semiconductor Field-Effect Transistor. 78

MPG Maximum Power Gain. 141

MSG Maximum Stable Gain. 141

MTG Maximum Transducer Gain. 141

MW Microwave. 3, 21, 66

ONU Organización de las Naciones Unidas. 2

PCB Printed Circuit Board. 16, 35, 42

RF Radiofrecuencia. 2, 21, 66

RF/MW Radiofrecuencias y Microondas. 3, 35, 77

ROE Relación de Onda Estacionaria. 31

RX Receptor. 1

TE Transversal Eléctrico. 18

TEM Transversal Electromagnético. 18, 19, 33, 37–39, 42

TM Transversal Magnético. 18

TX Transmisor. 1

VHF Very High Frrequency. 3, 76

VNA Vector Network Analyzer. 68, 84

Capítulo 1

Circuitos de Microondas

La *comunicación electrónica*, que es una forma tecnológicamente avanzada de comunicación, es el proceso por el cual se transporta por medios electrónicos determinada información (símbolos, señales, voz, datos, etc.) desde un punto de origen o Transmisor (TX) a un punto de destino o Receptor (RX), a través de algún medio de transmisión (vacío, aire, conductores, etc.).

El desarrollo de las comunicaciones electrónicas comenzó a mediados del siglo XIX, cuando el físico inglés James Clark Maxwell elaboró una teoría con la cual predijo la existencia de las ondas electromagnéticas y sus características, que luego fue comprobada experimentalmente por el científico alemán Heinrich Hertz en 1888, quien logró por primera vez radiar energía electromagnética desde un aparato al que llamó *oscilador*. En honor a este importante hito científico, a las ondas de radio se las suele llamar ondas "ondas hertzianas".

En 1837 Samuel Morse desarrolló el primer sistema de comunicaciones electrónicas: el telégrafo, en el cual se enviaban símbolos a través de un conductor que utilizaba la tierra como retorno. Luego, en 1876, Alexander Graham Bell y su asistente Thomas A. Watson, desarrollaron el primer teléfono de la historia, utilizando dos conductores como medio de transmisión.

En 1894, el científico italiano Guglielmo Marconi logró las primeras comunicaciones electrónicas inalámbricas al transmitir señales de radio a más de un kilómetro de distancia. En 1896 Marconi ya transmitía señales de radio desde barcos a tierra, a más de 3 km de distancia, y en 1899 envió el primer mensaje inalámbrico a través del Canal de la Mancha. En 1902 se estaban realizando las primeras transmisiones inalámbricas cruzando el Océano Atlántico, dando origen definitivamente a las comunicaciones radiales. En 1908, Lee DeForest inventó la válvula o tubo de vacío, permitiendo la primera amplificación práctica de señales eléctricas, dando un impulso importante a las comunicaciones radiales y permitiendo la primera emisión radial regular en 1920.

En 1947, en los Laboratorios de Teléfonos Bell, William Shockley, Walter Brattain y John Bardeen inventaron el transistor, un hito fundamental en las comunicaciones y en la electrónica en general. En 1960, la integración de transistores en Circuitos Integrados produjo un salto definitivo en la tecnología electrónica, impulsando una era de constantes y vertiginosos avances en la electrónica en general y en las comunicaciones en particular [1].

Actualmente, y con el objeto de unificar terminología y conceptos, diversos organismos establecen definiciones y convenciones en el área de la comunicaciones electrónicas, entre ellos la International Telecommunications Union (ITU), el Institute of Electrical and Electronics Engineers (IEEE) y la Federal Communications Comission (FCC). La ITU (Unión Internacional de Telecomunicaciones) es el organismo especializado en telecomunicaciones de la Organización de las Naciones Unidas (ONU), con sede en Ginebra (Suiza). El IEEE (Instituto de Ingenieros Eléctricos y Electrónicos) es una asociación mundial de profesionales de la ingeniería eléctrica y electrónica, con sede en New York (Estados Unidos). La FCC (Comisión Federal de Comunicaciones) es una organización estatal independiente encargada de la regulación de las telecomunicaciones en Estados Unidos.

Según las definiciones de la ITU y la IEEE, la palabra "Telecomunicaciones" refiere a toda emisión, transmisión o recepción de cualquier tipo de información, por cualquier tipo de medio, utilizando sistemas electromagnéticos, y la palabra "Radiocomunicaciones" refiere a las telecomunicaciones realizadas por Ondas de Radio, también llamadas Ondas Hertzianas, o de Radiofrecuencia (RF), o simplemente RF.

Actualmente, por convención, se define a las Radiofrecuencias o RF como el conjunto de ondas del espectro electromagnético cuyas frecuencias son menores o iguales a 3000 GHz (3 THz). En el área específica de comunicaciones, y para las aplicaciones actuales, generalmente se consideran radiofrecuencias a las ondas electromagnéticas de frecuencias ubicadas entre 9 kHz y 3 THz. Inicialmente, el término "RF" se refería a ondas que viajan en el espacio libre, sin medios artificiales que las guíen, pero las diversas y complejas tecnologías actuales hacen que el término se utilice indistintamente para ondas de radio que se propagan libremente o bien guiadas por algún medio, siempre que su frecuencia esté ubicada en la porción del espectro correspondiente a radiofrecuencias.

1.1. Espectro de Radiofrecuencias

El espectro de radiofrecuencias (o espectro radioeléctrico) se ubica en la parte inferior del espectro electromagnético, y está constituido por el conjunto

1.1. Espectro de Radiofrecuencias

de ondas electromagnéticas cuyas frecuencias son menores a 3000 GHz.

A su vez, el espectro de radiofrecuencias se halla subdividido en rangos de frecuencias, denominados Bandas de Frecuencias, especificados por convención por los organismos correspondientes, y a los cuales se les asigna un nombre y una abreviatura. Esto permite la unificación de términos y criterios en muchas áreas de las comunicaciones electrónicas, como por ejemplo, la asignación de frecuencias para comunicaciones de telefonía móvil o enlaces WiFi.

En la Tabla 1.1 se muestran los rangos de frecuencias, longitudes de onda, nombres y abreviaturas para las bandas que definen las convenciones actuales [1][2].

Antiguamente estas bandas solían denominarse en referencia a su longitud de onda, en vez de su frecuencia. Por ejemplo, las frecuencias correspondientes a la banda de Very High Frrequency (VHF), cuyas longitudes de onda están comprendidas entre 1 y 10 m, solían llamarse Ondas Muy Cortas (*Very Short Waves*), o bien las correspondientes a la banda High Frequency (HF), de longitudes de onda entre 10 y 100 m, se llamaban Ondas Cortas (*Short Waves*). Era común referirse a un equipo de comunicaciones que trabajaba en la banda de 3 a 30 MHz como equipo de "onda corta". Actualmente, estas denominaciones están en desuso, siendo lo más común referirse a esta zona del espectro como Radiofrecuencias y Microondas (RF/MW).

1.1.1. Microondas

La definición de Microondas o Microwave (MW) en las aplicaciones prácticas y en alguna bibliografía no está claramente definida. Por ejemplo, es común llamar "circuitos de RF" a los que trabajan hasta los 800 o 1000 MHz, y a partir de 1 GHz comenzar a utilizar el término "Microondas". Aquí se utilizará una definición que se corresponde con la mayoría de las convenciones comerciales y académicas actuales: del espectro radioeléctrico mostrado en la Tabla 1.1, las frecuencias comprendidas entre 300 MHz y 300 GHz se definen como Microondas (MW), considerando entonces a las bandas de UHF, SHF y EHF (300 MHz a 300 GHz) como microondas [3]. A su vez, también por convención, los distintos rangos de frecuencias se subdividen en bandas, que reciben un nombre según las aplicaciones a las cuales se relacionan. Así, por ejemplo, en aplicaciones aeroespaciales se suelen utilizar letras para designar las distintas bandas de frecuencias, tal como se indica en la Tabla 1.2 [2].

En la actualidad, dada la enorme cantidad de aplicaciones contenidas en un espacio reducido del espectro, la denominación coloquial que se le da al rango de frecuencias de interés está definida por la aplicación. Así, por ejemplo, nos podemos referir a la frecuencia de 2.4 GHz como "Banda de WiFi" si

Tabla 1.1: Espectro de Radiofrecuencias.

Frecuencia	Longitud de Onda	Denominación	Sigla
3 Hz a 30 Hz	100.000 km a 10.000 km	Extremely Low Frequency	ELF
30 Hz a 300 Hz	10.000 km a 1.000 km	Super Low Frequency	SLF
300 Hz a 3 kHz	1.000 km a 100 km	Ultra Low Frequency	ULF
3 kHz a 30 kHz	100 km a 10 km	Very Low Frequency	VLF
30 kHz a 300 kHz	10 km a 1 km	Low Frequency	LF
300 kHz a 3 MHz	1 km a 100 m	Medium Frequency	MF
3 MHz a 30 MHz	100 m a 10 m	High Frequency	HF
30 MHz a 300 MHz	10 m a 1 m	Very High Frequency	VHF
300 MHz a 3 GHz	1 m a 10 cm	Ultra High Frequency	UHF
3 GHz a 30 GHz	10 cm a 1 cm	Super High Frequency	SHF
30 GHz a 300 GHz	1 cm a 1 mm	Extremely High Frequency	EHF
300 GHz a 3 THz	1 mm a 0,1 mm	Infrarred	IR

Tabla 1.2: Bandas de Microondas.

Frecuencias	Banda
0,3 a 1 GHz	UHF
1 a 2 GHz	L
2 a 4 GHz	S
4 a 8 GHz	C
8 a 12 GHz	X
12 a 18 GHz	Ku
18 a 27 GHz	K
40 a 75 GHz	V
75 a 110 GHz	W
110 a 300 GHz	mm

1.1. Espectro de Radiofrecuencias

hablamos de conexiones inalámbricas usuales o bien "Banda S" si estamos trabajando con aplicaciones satelitales. Incluso, a las frecuencias más altas, cuyas longitudes de onda se ubican en el rango de los milímetros (ver Tabla 1.1) se las suele llamar "ondas milimétrica".

La longitud de onda de las señales está directamente relacionada a su frecuencia, y adquiere importancia en relación al modelo de circuitos que se va a utilizar. Supongamos que una onda electromagnética (señal de radiofrecuencia) está representada por una señal sinusoidal $V(t)$, como se muestra en la Figura 1.1. La sinusoide puede ser caracterizada principalmente por 3 parámetros: Amplitud Máxima o Valor Pico (Vp), Período (T) y Longitud de Onda (λ).

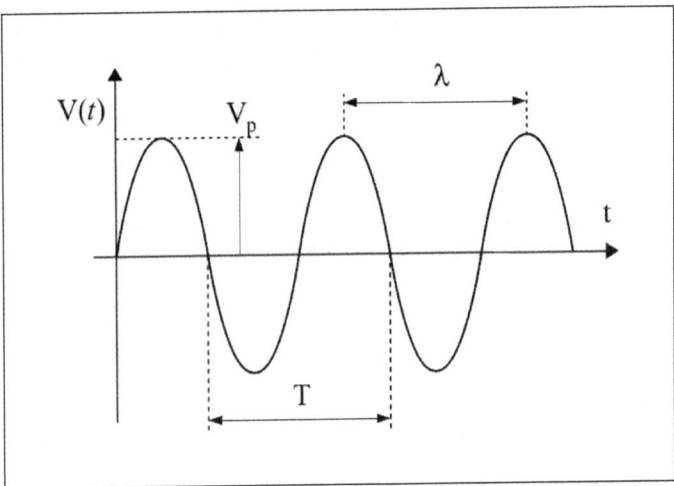

Figura 1.1: Parámetros de una señal sinusoidal.

De la teoría del campo electromagnético, se sabe que una señal de radiofrecuencia, además de variar su amplitud en el tiempo, también varía su ubicación en el espacio, es decir, es una onda electromagnética que se propaga en el espacio.

En la Figura 1.1, la señal $V(t)$ es periódica sinusoidal, por lo que está formada por una sucesión de porciones o tramos de onda que se repiten, a los cuales se les denomina *Ciclos*. El Valor Pico Vp es el máximo valor que toma la señal; el Período T es el tiempo que tarda la señal en describir un ciclo completo (medido en segundos); la Frecuencia f es el número de ciclos que se repiten en un segundo (medida en Hertz), o lo que es lo mismo, la inversa del período ($f = 1/T$ Hz).

Asumiendo que $V(t)$ es una representación de una onda electromagnética que viaja en el espacio. Se define la Longitud de Onda λ como el espacio que recorre la onda en un tiempo igual al período T. Observemos que con esta definición de Longitud de Onda, también se puede definir al Período T como el tiempo que demora la onda en recorrer un espacio igual a la Longitud de Onda λ. Es decir, la Longitud de Onda se halla directamente relacionada al Período, y por ende a la Frecuencia. Tal es así que en el mundo de las radiofrecuencias existe una ecuación muy sencilla y práctica que las relaciona, y que se deduce a continuación.

De la teoría del campo electromagnético, se demuestra que una onda electromagnética o señal de radiofrecuencia propagándose en el vacío (medio sin pérdidas) viaja a la velocidad de la luz, $c \approx 300.000$ km/s. Luego, si la Longitud de Onda es el espacio recorrido por la onda en un período, y considerando que la frecuencia es la inversa del período, la velocidad c de la onda está dada por:

$$c = \frac{\lambda[\text{m}]}{T[\text{s}]} = \lambda[\text{m}] \cdot f[\text{Hz}] = 300.000 \text{ km/s} \qquad (1.1)$$

Despejando la longitud de onda en metros (m), llevando los kilómetros (km) a metros y los los hertz (Hz) a megaherz (MHz):

$$\lambda[\text{m}] = \frac{300 \cdot 10^6 [\text{m/s}]}{f[\text{MHz}] \cdot 10^6} \qquad \Longrightarrow \qquad \boxed{\lambda[\text{m}] = \frac{300}{f[\text{MHz}]}} \qquad (1.2)$$

Es decir, expresando la frecuencia de una onda de radio en MHz, se calcula rápidamente su longitud de onda en metros. Esta ecuación es una relación muy sencilla, fácil de recordar y que tiene aplicación directa y práctica en muchos problemas de ingeniería de comunicaciones. Por ejemplo, si se tiene que diseñar una antena de media longitud de onda que trabaje en 300 MHz, se calcula rápidamente que la misma tendrá dimensiones aproximadas a 0,5 m. O viceversa, si se observan las dimensiones físicas de una antena, se puede calcular muy rápida y aproximadamente su frecuencia de trabajo.

1.2. Modelos de Circuitos

Los circuitos físicos están construidos por resistencias, alambres de conexión, bobinas, capacitores y demás elementos de distinto grado de complejidad. Si se toma una resistencia de algún circuito práctico, no podríamos decir que ese componente es solamente una resistencia, ya que por la propia construcción física del mismo, tendrá inductancias y capacitancias asociadas, por ejemplo,

1.2. Modelos de Circuitos

en sus propios pines de conexión. Lo mismo sucede con las bobinas, capacitores, y todos los elementos físicos con que se construyen los circuitos. Incluso, un simple cable de cobre de conexión tiene una resistencia asociada (la del material), o bien un capacitor de muy buena calidad tiene asociadas resistencias e inductancias parásitas (arrollamiento o placas, pines de conexión, etc.)

Para analizar y estudiar estos circuitos prácticos mediante herramientas matemáticas, previamente deben ser llevados a un mundo ideal, más simple, donde el circuito es representado por cables de conexión puros (cortocircuitos), resistencias, inductores y capacitores puros, fuentes ideales, etc. Es decir, el circuito físico debe ser *modelado* mediante un diagrama de conexiones ideal, al cual se denomina usualmente *diagrama de conexiones*, *diagrama esquemático* o simplemente *circuito*. Es decir, para analizar y/o diseñar circuitos y sistemas físicos reales, siempre se trabaja con *Modelos*, que básicamente son representaciones simplificadas (ideales) de los elementos físicos reales.

El modelo es una *aproximación* al mundo real, y esta aproximación es buena cuando las diferencias entre el modelo y el sistema físico son despreciables para la aplicación considerada [4]. La modelización ha permitido, desde hace mucho tiempo, resolver correctamente muchos problemas de ingeniería, y en los últimos años se ha acentuado su utilización como metodología de trabajo debido a las poderosas herramientas de cálculo y simulación por software con que se cuentan en nuestros días, ahorrando tiempo, dinero y ganando en disponibilidad de recursos. Este tipo de herramientas, suelen denominarse de Diseño Asistido por Computadora (Computer-Aided Desing (CAD)) o Ingeniería Asistida por Computadora (Computer-Aided Engineering (CAE)).

1.2.1. Modelos de Parámetros Concentrados

Supongamos un sistema en el cual una fuente de señal V_S, de impedancia de salida Z_S, se conecta a una carga Z_L a través de un tramo de cable coaxial de longitud l (podría ser cualquier tipo de cable), como se muestra en la Figura 1.2. Supongamos también que el generador emite una señal sinusoidal pura de 10 kHz (0,01 MHz, frecuencia de audio), y que el largo del cable coaxial es de 10 cm.

Se ha visto ya que la longitud de onda y la frecuencia de una señal están relacionadas por la ecuación (1.2), por lo que, considerando una frecuencia de 10 kHz (= 0,01 MHz), se calcula inmediatamente la longitud de onda correspondiente:

$$\lambda[\mathrm{m}] = \frac{300}{0,01[\mathrm{MHz}]} = 30 \text{ km}$$

La señal emitida por la fuente tiene una longitud de onda de 30 km, que es mucho mayor que las dimensiones físicas del cable coaxial, de 10 cm de largo. Es decir, se verifica:

$$l \ll \lambda \tag{1.3}$$

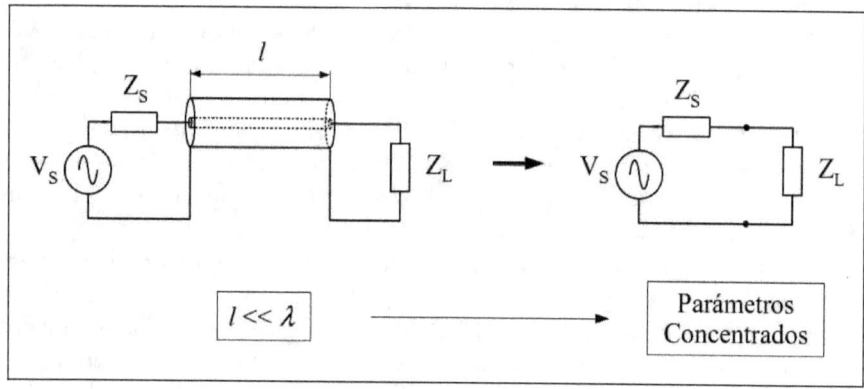

Figura 1.2: Modelo de Parámetros Concentrados.

En estas condiciones, las señales de corriente o tensión no sufren variaciones apreciables de fase entre un extremo y otro del cable coaxial. En otras palabras, los valores de tensión y corriente en el extremo del cable conectado a la fuente son aproximadamente los mismos que los del extremo conectado a la carga. Por lo tanto, si se verifica que $l \ll \lambda$, el cable coaxial puede reemplazarse directamente por un cortocircuito entre la fuente de señal y la carga sin introducir error apreciable, obteniendo el circuito simplificado de la parte derecha de la Figura 1.2. A este circuito se lo denomina *Modelo de Parámetros Concentrados*, debido a que todo el cable coaxial de conexión, de 10 cm de longitud, se halla ahora concentrado en dos puntos de conexión (indicados como puntos negros en la figura).

El modelo es extremadamente simple e idealizador, ya que reemplaza un tramo físico de cable coaxial simplemente por dos puntos de conexión, considerándolo un mero cortocircuito. Esto permitirá la resolución sencilla del circuito mediante herramientas matemáticas, facilitando enormemente su análisis y diseño. Se subraya que la "concentración" de las características del cable coaxial en dos puntos de conexión se ha podido realizar por que la frecuencia de trabajo es tal que su longitud de onda es mucho mayor que las dimensiones físicas del circuito (30 km $\gg$ 10 cm), es decir, se cumple la condición (1.3).

1.2. Modelos de Circuitos

Toda la Teoría de Circuitos que conocemos y sus herramientas y modelos relacionados, se basan justamente en esta aproximación.

Ahora bien, supongamos que se desea aumentar la rigurosidad y exactitud del modelo, considerando las características eléctricas del cable coaxial. Por su propia construcción, ambos conductores del cable presentarán una pequeña resistencia e inductancia, las cuales pueden ser representadas por una resistencia (R) y una inductancia (L) en serie. De la misma forma, entre ambos conductores del cable existen pérdidas en el dieléctrico que los separa, que pueden ser representadas por un capacitor (C) y una conductancia (G) en paralelo, tal como se muestra en al Figura 1.3. Es decir, se están considerando las pérdidas del cable coaxial.

El modelo de la Figura 1.3 es más exacto que el de la Figura 1.2, puesto que se consideran características constructivas del cable coaxial. No obstante, el modelo sigue siendo de Parámetros Concentrados, ya que los parámetros eléctricos constructivos del cable han sido *concentrados* en cuatro componentes (R, L, C y G). Se ha reemplazado al cable coaxial por un modelo lineal equivalente cuyos parámetros no dependen de la longitud del cable, sino que tienen un valor constante y se denominan Parámetros Concentrados.

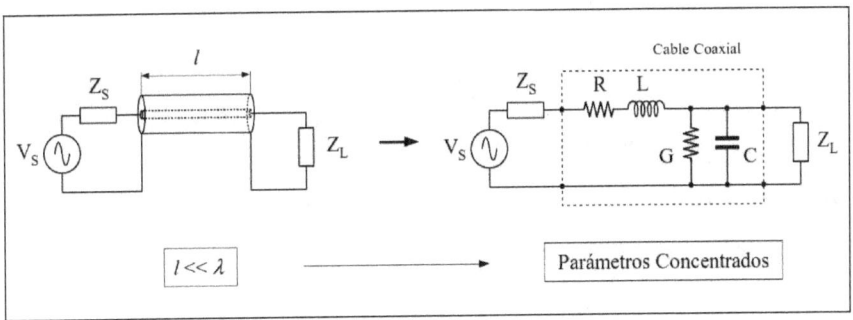

Figura 1.3: Modelo de Parámetros Concentrados con Pérdidas.

En la realidad, la resistencia y la inductancia que presentan los conductores central y externo del cable coaxial físico no se hallan concentrados en un solo punto del mismo, sino que se hallan distribuidos a lo largo de toda su longitud, sin embargo en el sistema de la Figura 1.3 estas características han sido concentradas solamente en dos elementos bien definidos: una Resistencia R y una Inductancia L en serie. De la misma forma, la capacitancia y la conductancia, que representan las pérdidas en el dieléctrico, en un elemento físico real se hallan distribuidas a lo largo de todo el cable, mientras que en el modelo han sido también concentradas en un Capacitor C y una Conductancia G, ambos en paralelo.

El modelo R-L-C-G utilizado en la Figura 1.3 ciertamente es más exacto que el de un simple cortocircuito presentado en la Figura 1.2, pero sigue siendo un modelo de Parámetros Concentrados, puesto que se han concentrado en unos pocos componentes las características eléctricas que en el elemento físico se hallan distribuidas a lo largo de toda su longitud. Ambas aproximaciones, el cortocircuito y la red R-L-C-G, son muy buenas siempre y cuando se verifique la condición dada por (1.3), es decir, se trabaje a una frecuencia lo suficientemente baja como para que la Longitud de Onda sea mucho mayor que las dimensiones físicas de los elementos del circuito, tal como se representa esquemáticamente en la Figura 1.4, donde el eje horizontal es la variable espacio (z), en metros.

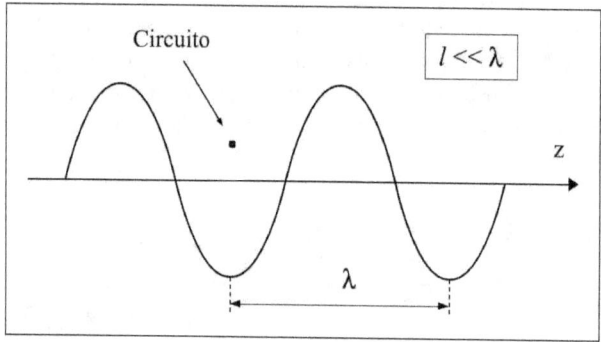

Figura 1.4: Dimensiones físicas del circuito mucho más pequeñas que la longitud de onda de la señal.

La modelización que se ha explicado aquí es la base de la teoría clásica de circuitos de baja frecuencia (y generalmente también de media frecuencia), y resulta muy útil y suficientemente exacta para resolver problemas de ingeniería electrónica, siempre que la frecuencia sea lo suficientemente baja para que se cumpla la condición (1.3), es decir, el circuito físico es mucho más pequeño que la longitud de onda de la frecuencia de trabajo. Así, por ejemplo, cuando se analiza, diseña, arma y mide un amplificador de audio, se está utilizando el Modelo de Parámetros Concentrados, donde una resistencia dibujada en papel se traduce en un resistor físico en el circuito, o bien una pista de cobre de algunos centímetros de largo en la placa de circuito impreso se traduce en un cortocircuito en el diagrama esquemático.

En rigor, esta forma de modelizar circuitos (Teoría de Circuitos) es el caso particular de una teoría mucho más amplia (Teoría del Campo Electro-magnético) descrita a través de las Ecuaciones de Maxwell y que explica todos los fenómenos electromagnéticos en cualquier condición. Veremos que el modelo de Parámetros Concentrados, en general, pierde validez cuando se trabaja en el rango de microondas.

1.2.2. Modelos de Parámetros Distribuidos

Retomemos el sistema de la Figura 1.2, donde un generador se conecta a una carga a través de un tramo de cable coaxial de 10 cm de longitud, pero ahora suponemos que la fuente genera una señal senoidal de 1 GHz (1000 MHz).

Por la ecuación (1.2), la longitud de onda es:

$$\lambda[\text{m}] = \frac{300}{1000[\text{MHz}]} = 0,3 \text{ m} = 30 \text{ cm}$$

Ahora el cable coaxial tiene una longitud equivalente al 30 % de la longitud de onda de la señal (sin considerar pérdidas, ya que esta ecuación es válida para el vacío), por lo tanto no se cumple la condición (1.3), que la longitud de onda sea mucho mayor que las dimensiones físicas del circuito. De hecho, ambas variables están en el mismo orden de magnitud:

$$l \approx \lambda \tag{1.4}$$

Si la frecuencia de trabajo es lo suficientemente alta, como en el rango de microondas, como para que la longitud de onda sea comparable a las dimensiones físicas de los circuitos, se producen fenómenos ondulatorios, como por ejemplo, que la tensión y/o corriente cambian su fase y sus amplitudes en forma considerable a lo largo del dispositivo. En el caso considerado, podría ocurrir que las ondas de tensión y/o corriente presenten valores distintos en ambos extremos del cable coaxial, tal como se muestra esquemáticamente en la Figura 1.5, donde por simplicidad se ha dibujado solamente el tramo de cable coaxial de longitud *l*.

Si el cable coaxial tiene 10 cm de largo, y la longitud de onda es de 30 cm, se observa que cuando la onda presenta valor cero en el extremo izquierdo del cable coaxial, en el extremo opuesto presentará un valor negativo muy distinto de cero. El concepto, un poco simplificado, representa un conjunto de fenómenos ondulatorios que se presentan en los circuitos cuando se trabaja a frecuencias suficientemente altas. Tales fenómenos ondulatorios solo pueden explicarse mediante la Teoría del Campo Electromagnético, y por lo tanto la teoría clásica de circuitos (parámetros concentrados) ya no es válida en estos

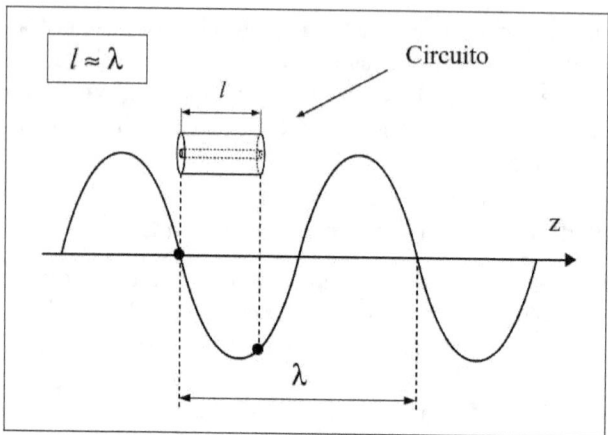

Figura 1.5: Dimensiones físicas del circuito comparables a la longitud de onda de la señal.

casos. Si utilizáramos la modelización clásica de parámetros concentrados, obtendríamos resultados incorrectos. Entonces, Cómo modelamos el cable coaxial para realizar análisis y cálculos sobre el circuito ? Veremos que la respuesta está en el empleo del modelo de Parámetros Distribuidos, mucho más exacto y confiable en altas frecuencias.

Comencemos por ver una forma intuitiva de solucionar el problema. Supongamos que se divide el tramo del cable coaxial, de 10 cm de longitud, en sucesivos tramos mucho más pequeños, tales que su longitud Δz sea mucho menor que la longitud de onda de la señal de trabajo:

$$\Delta z \ll \lambda$$

Ahora se procede a modelar estos tramos de cable de longitud Δz de una forma similar a lo realizado en la Figura 1.3, donde se tienen en cuenta las constantes R-L-C-G que dependen de la construcción física del cable, pero esta vez los consideramos *Parámetros Distribuidos*, valores que se definen en función de la longitud del cable, tal como se indica en la Tabla 1.3.

Cada tramo pequeño de cable de longitud Δz se puede modelar por su circuito lineal equivalente definido en base a sus Parámetros Distribuidos, como se muestra en la Figura 1.6.

Se podría decir que se ha modelado un tramo infinitesimalmente pequeño (*celda*) del cable coaxial con un modelo de parámetros concentrados, los cuales a su vez dependen de los parámetros distribuidos del cable coaxial. Cada

1.2. Modelos de Circuitos

Tabla 1.3: Parámetros Distribuidos.

Parámetro	Símbolo	Unidad
Resistencia Serie por Unidad de Longitud	R	Ω / m
Inductancia Serie por Unidad de Longitud	L	H / m
Capacitancia Paralelo por Unidad de Longitud	C	F / m
Conductancia Paralelo por Unidad de Longitud	G	S / m

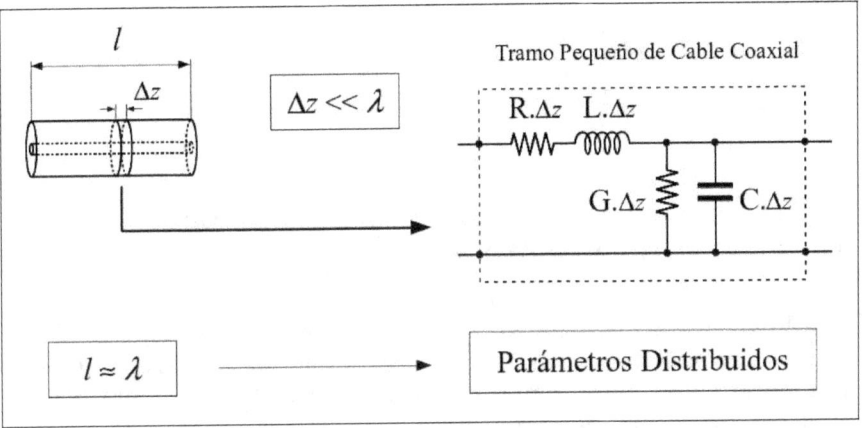

Figura 1.6: Modelo de parámetros distribuidos de tramo pequeño de cable.

parámetro (R, L, C y G) de esta celda se obtiene multiplicando el parámetro distribuido del cable por la longitud infinitesimalmente pequeña Δz.

Ahora, para obtener el modelo completo del cable coaxial de longitud $l = 10$ cm, basta con unir tantos tramos o celdas de longitud Δz como sea necesario, hasta completar la longitud total l del cable, tal como se indica en la Figura 1.7.

El cable coaxial ha quedado modelado mediante parámetros distribuidos: resistencia, inductancia, capacitancia y conductancia por unidad de longitud. Y como ya se ha mencionado, aquí ya no tiene validez la teoría clásica de circuitos de baja frecuencia, sino que se deben utilizar herramientas más generales, basadas en teoría del campo electromagnético, entre las cuales se cuentan la teoría de Líneas de Transmisión, que constituye un excelente modelo para analizar circuitos en microondas. Justamente, lo que se ha hecho en la Figura 1.7

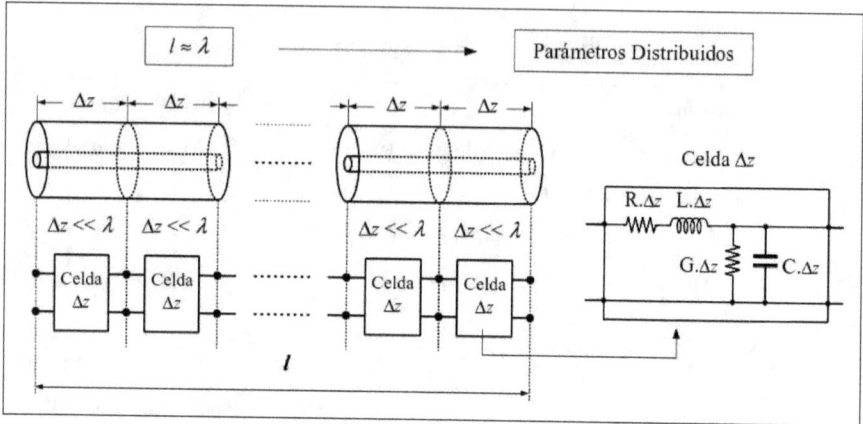

Figura 1.7: Modelo de Parámetros Distribuidos.

es obtener un modelo de Línea de Transmisión del cable coaxial. Si se utilizan las herramientas adecuadas, este modelo resulta extremadamente útil para el análisis y diseño de circuitos de alta frecuencia.

El cable coaxial es una de las líneas de transmisión más comunes que se pueden encontrar en los laboratorios de electrónica y puede ser modelado por un circuito lineal equivalente donde sus componentes son parámetros distribuidos, como se muestra en al Figura 1.8.

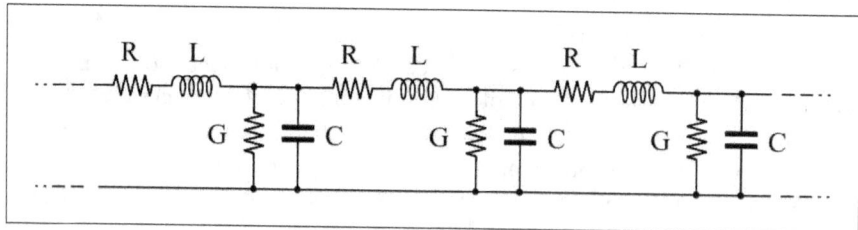

Figura 1.8: Circuito equivalente de parámetros distribuidos de una cable coaxial.

Las constantes R, L, C y G son parámetros eléctricos por unidad de longitud, tal como ya han sido definidos. Este modelo permite realizar análisis con resultados exactos y prácticos en circuitos de microondas.

1.3. Circuitos de Microondas

Como sucede un muchas otras áreas de la electrónica, el trabajo con circuitos y sistemas de microondas implica un cambio de modelos, herramientas, técnicas y tecnologías con respecto a los circuitos de baja frecuencia. Por ejemplo, cambian algunas unidades de trabajo, instrumentos de medición, etc. Ya se ha visto que la teoría clásica de circuitos basada en constantes concentradas ya no tiene validez, se deben considerar constantes distribuidas en los circuitos y utilizar otras herramientas, técnicas y tecnologías para el análisis y diseño de circuitos de microondas, fundamentadas de la Teoría del Campo Electromagnético.

Un estudio riguroso de estas herramientas permite demostrar que la teoría de circuitos clásica utilizada en baja frecuencia es un caso particular de la teoría más general utilizada en frecuencias altas, que es más rigurosa y compleja, y en la cual no se realizan las simplificaciones típicas hechas en baja frecuencia. En otras palabras, los circuitos y sistemas de radiofrecuencia y microondas constituyen un área especial de la electrónica (como el control automático, la electromedicina y tantas otras especialidades más) donde se deben manejar teorías, técnicas y tecnologías particulares, que en general se fundamentan en la teoría del campo electromagnético. Si bien existen otras aplicaciones donde se utilizan señales en rango de microondas, la principal aplicación de las mismas son los sistemas de comunicaciones.

Por los motivos explicados en las secciones anteriores, si se analiza o diseña un circuito de microondas con las técnicas clásicas utilizadas en baja frecuencia, se hallarán problemas originados en fenómenos ondulatorios, referidos a campos y ondas electromagnéticas, que complican enormemente el trabajo. Por ejemplo, que elementos pasivos presenten un comportamiento distinto al esperado, o bien, que un cortorcuitos no se comporte como tal.

Las Líneas de Transmisión son modelos matemáticos muy exactos que permiten trabajar correctamente en altas frecuencias y por ello son muy utilizadas en microondas. Casi la totalidad de los circuitos y sistemas de microondas tienen en mayor o menor medida algunas de sus partes diseñadas en base a Líneas de Transmisión. Por ejemplo, si una pista de cobre en un circuito impreso cumple con determinadas características, se la puede dimensionar de forma tal que represente una línea de transmisión (medio de transporte para la RF), con comportamientos excelentes. Incluso se pueden realizar cálculos para que un pequeño tramo de esa pista represente algún componente pasivo determinado, como un resistor, capacitor o inductor. En el caso particular de los amplificadores de microondas, se utilizan las líneas de transmisión para conducir señales de altas frecuencias entre distintas partes de la placa de circuito impreso, para adaptación de impedancia, acoplamiento, síntesis de componentes, etc.

En este texto se estudia el diseño de amplificadores de microondas de baja señal, en operación lineal. Para esto se realiza una revisión de técnicas de análisis de circuitos y sistemas de alta frecuencia, entre ellas, las líneas de transmisión. Se estudian técnicas de diseño para la implementación de líneas de transmisión en placas de circuito impreso (Printed Circuit Board (PCB)), denominadas "microtiras" o "microstrips", y se presentan técnicas generales para el trabajo con este tipo de tecnologías.

No se pretende una cobertura rigurosamente totalizadora de las técnicas de diseño de amplificadores en microondas, ya que son muy diversas y muchas de ellas escapan al alcance de esta obra. No obstante, el texto en su totalidad representa una buena guía de diseño para estos amplificadores, y en caso de necesidad, permitirá encarar fácilmente estudios de otras técnicas o bien profundizar sobre las mismas que aquí se explican. En la Bibliografía se incluyen las referencias más importantes referidas a esta área de los sistemas de comunicaciones.

Capítulo 2

Líneas de Transmisión

Las ondas electromagnéticas pueden propagarse tanto en el espacio libre como en medios confinados, siempre que estos cumplan determinadas características físicas. Estos medios pueden "guiar" la onda en su propagación, y pueden ser tan simples y rudimentarios como un par de placas conductoras paralelas convenientemente separadas, tal como surge del estudio de la incidencia oblicua de ondas electromagnéticas sobre buenos conductores [5][6]. En efecto, si se disponen de dos placas conductoras paralelas, consideradas conductores perfectos, separadas una distancia adecuada (que depende de la longitud de onda) y orientadas convenientemente (en relación a la dirección del campo), se demuestra que el campo electromagnético se propaga a lo largo de este sistema mecánico, es decir, es "guiado" por ambas chapas conductoras. Este sistema tan simple constituye la base para el estudio de las "Guías de Ondas", y las Líneas de Transmisión son un caso particular de guías de ondas.

En este capítulo se revisarán muy brevemente los conceptos fundamentales de líneas de transmisión relacionados directamente a los elementos que se utilizan en los amplificadores de microondas. Se recomienda al lector repasar la teoría de líneas de transmisión en cualquier texto de teoría de campo electromagnético [5][6][7]. El enfoque es eminentemente práctico e intuitivo, tratando de evitar los complejos desarrollos matemáticos típicos de la teoría de campo electromagnético. Toda vez que se quiera llegar a ellos, puede consultarse cualquiera de los libros indicados en la Bibliografía, al final del libro.

2.1. Sistemas de Ondas Guiadas

Si al sistema de dos placas conductoras paralelas descriptas se le agregan otras dos placas conductoras como paredes laterales, tal que quede conformado un tubo de sección rectangular, y los lados de este rectángulo cumplen determinados requisitos, se forma un sistema mecánico que tiene la importante propiedad, bajo determinadas condiciones, de guiar ondas electromagnéticas, y al cual se le ha llamado acertadamente "Guía de Ondas" [5][6][7].

Así, las Guías de Ondas son medios de transmisión de un solo conductor, conformados por tubos (de sección rectangular, circular o elíptica) que pueden transportar altos valores de potencia electromagnética entre un punto y otro, con pérdidas mínimas y confinando el campo en su interior. Esto encuentra aplicación en muchos campos de las comunicaciones, como puede ser la alimentación de una antena de alta frecuencia y alta potencia.

Los Modos indican la forma en que se distribuyen los campos eléctrico y magnético dentro de la guía, y están relacionados a la dirección que poseen estos campos al incidir sobre la superficie límite conductora [5][6].

Si el Campo Eléctrico (E) es paralelo a la chapa conductora sobre la cual incide y perpendicular al plano de incidencia, se trata de un modo Transversal Eléctrico (TE). Por el contrario, si el Campo Magnético (H) es paralelo a la superficie límite y perpendicular al plano de incidencia, se trata de un modo Transversal Magnético (TM). En el caso de una onda plana, en la cual no existen componentes de campo eléctrico ni magnético en la dirección de propagación, decimos que se trata de un modo Transversal Electromagnético (TEM).

Las guías de onda pueden transportar los modos TE y TM, pero no el TEM. Pueden ser consideradas un filtro pasa-altos, ya que solamente pueden transmitir frecuencias altas, superiores a una frecuencia límite denominada Frecuencia de Corte. En efecto, supongamos que la Constante de Propagación de la onda electromagnética es:

$$\gamma = \alpha + j\beta$$

donde α es la Constante de Atenuación y β es la Constante de Fase. Si la Frecuencia Fundamental de excitación es f_0 y la Frecuencia de Corte es f_c , se demuestra que dentro de la guía se cumple:

$$si \ f_0 < f_c \ \Rightarrow \ \alpha \neq 0 \ y \ \beta = 0$$

$$si \ f_0 > f_c \ \Rightarrow \ \alpha = 0 \ y \ \beta \neq 0$$

es decir, para las frecuencias menores a la de corte, la constante de fase es nula y la de atenuación tiene un valor alto, con lo cual la onda no se propaga, se atenúa totalmente en poca distancia, se desvanece. Por el contrario, para frecuencias superiores a la de corte, se anula la constante de atenuación y toma

2.1. Sistemas de Ondas Guiadas

un valor distinto de cero la constante de fase, con lo cual la onda se propaga libremente dentro de la guía. Así, la guía solo transmite frecuencias altas, y es aplicable solamente en estos casos.

Entonces, las guías de onda son sistemas de guiado de ondas de un solo conductor, capaces de transportar campos electromagnéticos en frecuencias muy altas (como mínimo, en el orden de los GHz) y en modos TE y TM [5][6][7].

2.1.1. Líneas de Transmisión

Al estudiar la teoría de las guías de onda, surge un caso particular de un sistema de dos conductores, capaz de transportar un modo TEM y en frecuencias menores a la Frecuencia de Corte. Este sistema recibe el nombre de Línea de Transmisión y se considera un filtro pasa-bajos, ya que transporta campo electromagnético a frecuencias menores a una frecuencia límite. Las líneas de transmisión podrían transportar modos diferentes al TEM (TE o TM), pero las dimensiones físicas lo hacen inviable para aplicaciones prácticas [5][6][7].

Si bien las Líneas de Transmisión son un caso particular de sistemas de ondas guiadas, aplicable al modo TEM y al rango de frecuencias más bajas (perfectamente se las podría denominar "guías de ondas"), han adquirido tanta importancia práctica en ingeniería de comunicaciones, que se han convertido en una tecnología particular en sí mismas. Tanto es así, que en la mayoría de los textos relacionados se las estudia por separado, e incluso antes de comenzar los estudios de guías de ondas.

No obstante el hecho de compartir la base matemática y física, y que una deriva de la otra, actualmente se consideran a las guías de ondas y líneas de transmisión como tecnologías distintas e independientes, cada una con sus ventajas y desventajas. La elección de una u otra dependerá lógicamente de las características de la aplicación, como frecuencia y potencia.

Es importante mencionar que en el caso de las Guías de Ondas el estudio se hace en base a los campos eléctrico y magnético y sus distribuciones en la guía, mientras que las Líneas de Transmisión se analizan y diseñan en base al estudio de las ondas de Tensión y Corriente. Esto se debe simplemente a que, en la línea de transmisión, resulta más sencillo la visualización, medición y tratamiento de tensiones y corrientes que de campos electromagnéticos.

A modo de comparación, y con el objeto de brindar al lector una visión práctica de ambos sistemas, en la Tabla 2.1 se resumen algunas diferencias entre las Guías de Ondas y las Líneas de Transmisión.

Tabla 2.1: Diferencias entre Guías de Ondas y Líneas de Transmisión.

Guías de Ondas	Líneas de Transmisión
Pasa Altos	Pasa Bajos
Un Conductor	Dos Conductores
Modos TE y TM	Modo TEM
Hay Componente en el Eje Z	No hay Componente en el Eje Z
Estudio de Campos E y H	Estudio de Corrientes y Tensiones

2.1.2. Formas Físicas

Para tener una idea más tangibles de líneas de transmisión y guías de ondas, veamos cómo son físicamente. Para dar al lector una idea práctica de las mismas, las Figuras 2.1 y 2.2 muestran respectivamente las formas más utilizadas de guías de ondas y líneas de transmisión. Se observa que las guías son básicamente tubos metálicos formados por un único conductor, mientras que las líneas contienen como mínimo dos elementos conductores separados por algún medio dieléctrico.

Tubo de Sección Rectangular   Tubo de Sección Circular   Tubo de Sección Elíptica

Figura 2.1: Formas físicas de Guías de Ondas.

El primer caso de líneas de transmisión (Conductores Paralelos) son simplemente dos cables o alambres separados una distancia constante, mediante aire o algún otro dieléctrico. Un ejemplo de este tipo de líneas es el viejo cable de televisión, actualmente en desuso, de 300 Ω de impedancia característica, que contenía los dos conductores multifilares de cobre recubiertos por un

2.2. Ecuaciones de Onda en la Línea

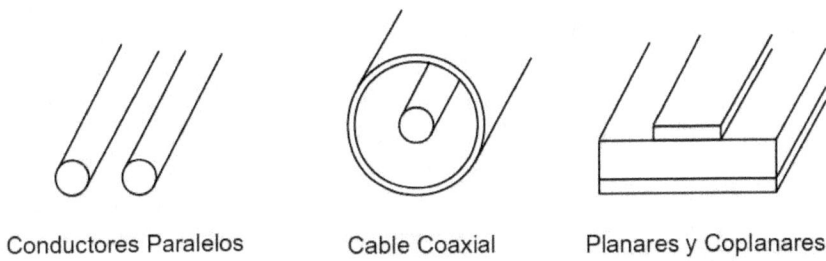

Conductores Paralelos   Cable Coaxial   Planares y Coplanares

Figura 2.2: Formas físicas de Líneas de Transmisión.

dieléctrico, el cual a su vez mantenía la separación uniforme entre ambos polos de la línea.

El Cable Coaxial es actualmente la línea de transmisión más común en los trabajos de RF/MW, especialmente en laboratorios y equipos de medición y pruebas. Está compuesto por dos conductores concéntricos (uno central y otro exterior) separados por un dieléctrico, y generalmente poseen una impedancia característica de 50 Ω.

Las líneas de transmisión Planares y Coplanares son tecnologías que poseen una estructura plana, constituidas por uno o más conductores planos sobre un dieléctrico delgado con plano de tierra. Inicialmente se llamó así a las líneas utilizadas en la fabricación de circuitos de microondas integrados en una sola pastilla, de espesores muy finos (casi planos, y de allí su nombre), pero luego se difundió a otras tecnologías cuya forma geométrica es plana o similar, como *microstrips*, *striplianes* y otras. Volveremos sobre estos aspectos en el capítulo siguiente, donde se estudia detenidamente la tecnología de *microstrip*.

En este texto, se trabajará solamente con líneas de transmisión, particularmente con microstrips, dejando al lector interesado la profundización del estudio de otros medios de transmisión. En la Bibliografía el lector puede encontrar varios textos que contienen información sobre guías de ondas y líneas de transmisión en general, y tecnologías planas en particular.

2.2. Ecuaciones de Onda en la Línea

Cuando se estudia la propagación de ondas electromagnéticas en el vacío, se parte de las ecuaciones de Maxwell y se obtienen ecuaciones diferenciales (denominadas Ecuaciones de Onda) cuyas soluciones describen el comportamiento de las ondas viajeras. De la misma forma, en un medio confinado como una línea de transmisión, se pueden obtener ecuaciones de onda cuyas soluciones describen el comportamiento de la onda electromagnética en el interior de la línea, sólo que en este caso conviene trabajar con ondas de tensión y corriente por que, como ya se mencionó, resulta más sencillo y práctico, y además facilita mucho las mediciones en una línea física real.

El cálculo de las ecuaciones de tensión y corriente en la línea puede llevarse a cabo con el método riguroso y clásico de las ecuaciones de Maxwell, y luego calcular los potenciales eléctrico y magnético, lo cual permite obtener ecuaciones de tensión y corriente en el sistema de guiado [5][7]. No obstante, aquí seguiremos una metodología heurística y más intuitiva, que consiste en dividir la línea en tramos o "celdas" infinitamente pequeños modelados con los parámetros distribuidos de la línea [8]. En el capítulo anterior, en las figuras 1.7 y 1.8 se obtuvo ya un modelo de un cable coaxial con esta metodología. Este mismo procedimiento puede utilizarse para el modelado de cualquier tipo de línea, y de hecho constituye otra forma clásica de abordar el estudio de las líneas de transmisión [8][9].

Entonces, recordando los conceptos vistos en el capítulo anterior, una línea de transmisión se puede fraccionar en infinitas "celdas" de longitud Δz conformadas por los parámetros distribuidos de la línea. En la Figura 2.3 se muestra esta celda y el circuito que la forma, correspondiente a un tramo infinitesimalmente pequeño de la línea.

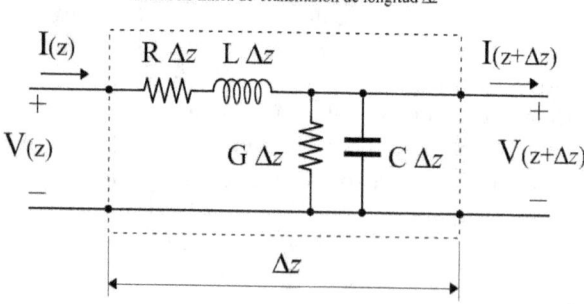

Figura 2.3: Tramo pequeño o "celda" de Línea de Transmisión.

El circuito de la figura está compuesto por los siguientes elementos distribuidos:

R = Resistencia Serie por Unidad de Longitud [Ω/m]
L = Inductancia Serie por Unidad de Longitud [H/m]

2.2. Ecuaciones de Onda en la Línea

C = Capacitancia Paralelo por Unidad de Longitud [F/m]
G = Conductancia Paralelo por Unidad de Longitud [S/m]

Supongamos que se aplica una tensión $V(z,t)$ en la entrada de la celda y una corriente $I(z,t)$ circula hacia el interior de la misma, tal como se observa en la figura. Sabemos que se trata de ondas viajeras de tensión y corriente, por lo que dependen de la variable espacio z y la variable tiempo t, no obstante, en la figura solamente se ha indicado la dependencia con el espacio z, obviando la variable temporal, por simplicidad en el dibujo y el desarrollo matemático. Considerando que el circuito es infinitesimalmente pequeño, se verificará siempre que la longitud de onda de la señal es mucho mayor que las dimensiones del circuito, es decir, se verifica la condición (1.3) vista en el capítulo anterior (las dimensiones físicas del circuitos son mucho menores a la longitud de onda a la frecuencia de trabajo), por lo que se pueden emplear técnicas de teoría de circuito clásica en la celda. Aplicando las leyes de Kirchhoff de corriente y tensión a la celda, se obtienen [8][9]:

$$I(z) = G\Delta z V(z + \Delta z) + C\Delta z \frac{\partial V(z + \Delta z)}{\partial t} + I(z + \Delta z)$$

$$V(z) = R\Delta z I(z) + L\Delta z \frac{\partial I(z)}{\partial t} + V(z + \Delta z)$$

Reordenando ambas ecuaciones y sacando factor común Δz

$$-\frac{I(z + \Delta z) - I(z)}{\Delta z} = GV(z + \Delta z) + C\frac{\partial V(z + \Delta z)}{\partial t}$$

$$-\frac{V(z + \Delta z) - V(z)}{\Delta z} = RI(z) + L\frac{\partial I(z)}{\partial t}$$

Haciendo tender la longitud de la celda a cero ($\Delta z \to 0$) y tomando límite para esta condición, los términos de la izquierda de las ecuaciones anteriores se convierten en las derivadas de la corriente y la tensión, y la tensión en la salida de la celda tiende a la tensión en su entrada:

$$\lim_{\Delta z \to 0} -\frac{I(z + \Delta z) - I(z)}{\Delta z} = -\frac{\partial I(z)}{\partial z}$$

$$\lim_{\Delta z \to 0} -\frac{V(z + \Delta z) - V(z)}{\Delta z} = -\frac{\partial V(z)}{\partial z}$$

$$\lim_{\Delta z \to 0} V(z + \Delta z) = V(z)$$

por lo tanto

$$-\frac{\partial I(z)}{\partial z} = C\frac{\partial V(z)}{\partial t} + GV(z)$$

$$-\frac{\partial V(z)}{\partial z} = L\frac{\partial I(z)}{\partial t} + RI(z)$$

Si se considera que la línea no tiene pérdidas se verifica $R = G = 0$, y obviando la variable z por simplicidad, las ecuaciones anteriores se reducen a

$$-\frac{\partial I}{\partial z} = C\frac{\partial V}{\partial t}$$

$$-\frac{\partial V}{\partial z} = L\frac{\partial I}{\partial t}$$

Estas ecuaciones están acopladas, ya que las dos variables que se desean calcular, V e I, aparecen en ambas ecuaciones, complicando la resolución del sistema de ecuaciones diferenciales. Para solventar esto, se realiza un procedimiento matemático luego del cual se obtienen las ecuaciones diferenciales de segundo orden desacopladas homogéneas [8][9]:

$$\frac{\partial V^2}{\partial z^2} - LC\frac{\partial V^2}{\partial t^2} = 0 \tag{2.1}$$

$$\frac{\partial I^2}{\partial z^2} - LC\frac{\partial I^2}{\partial t^2} = 0 \tag{2.2}$$

Este par de ecuaciones son las Ecuaciones de Onda de Tensión y Corriente en la línea de transmisión, y suelen denominarse "Ecuaciones del Telegrafista". Describen el comportamiento de la tensión y la corriente en la línea y, como era de esperarse, su forma general es muy similar a las ecuaciones de onda para campos eléctrico y magnético en el vacío [5][6][7]. Así, sus soluciones también serán similares a la obtenidas para el caso de campos electromagnéticos en medios infinitos sin pérdidas:

$$V(z) = V^+e^{-j\beta z} + V^-e^{+j\beta z} \tag{2.3}$$

$$I(z) = I^+e^{-j\beta z} + I^-e^{+j\beta z} \tag{2.4}$$

Donde V^+ y V^- son las ondas de Tensión Incidente y Reflejada respectivamente, en tanto que I^+ y I^- son las ondas de Corriente Incidente y Reflejada respectivamente. La variable z es el espacio recorrido a lo largo de la línea, $V(z)$

2.3. Circuitos con Líneas de Transmisión

es la Tensión Total en la línea en una posición z e $I(z)$ es la Corriente Total en esa posición. La variable tiempo no aparece puesto que se trata de la forma armónica compleja. Nuevamente, se observa la gran similitud con las ecuaciones que describen el comportamiento de los campos eléctrico y magnético en un medio infinito sin pérdidas.

Dado que se ha considerado una línea que no tiene pérdidas, ni en los conductores ($R = 0$) ni en el dieléctrico ($G = 0$), las ecuaciones (2.3) y (2.4) describen el comportamiento de ondas que no se atenúan, es decir, la constante de atenuación es nula y la constante de propagación es igual a la de fase. Salvo que se indique lo contrario, este es el caso considerado en el resto del libro, y coincide con la mayoría de los casos prácticos relacionados a amplificadores de microondas de baja señal, que es el objeto principal del presente texto.

2.3. Circuitos con Líneas de Transmisión

Siempre que se utilice una línea de transmisión en un circuito de radiofrecuencias, se dice que la línea es un elemento del circuito (línea de transmisión como elemento de circuito), y la parte del circuito que la incluye se puede resumir, en su forma más simple, como se indica en la Figura 2.4, donde una fuente de señal V_S de impedancia interna Z_S entrega energía a una carga Z_L a través de una línea de transmisión de impedancia característica Z_0 y longitud l.

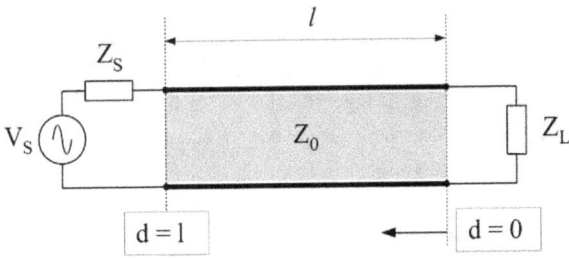

Figura 2.4: Línea de Transmisión como elemento de circuito.

Recordando que se desprecian las pérdidas de la línea, la Constante de Propagación es igual a la de Fase:

$$\alpha = 0 \implies \gamma = j\beta$$

y la Constante de Fase está dada por

$$\beta = \omega\sqrt{LC} = \frac{2\pi}{\lambda} \qquad (2.5)$$

La Impedancia Característica de la línea viene dada por

$$Z_0 = \sqrt{\frac{L}{C}} \qquad (2.6)$$

También se demuestra que [8]:

$$I^+ = \frac{V^+}{Z_0} \qquad (2.7)$$

$$I^- = -\frac{V^-}{Z_0} \qquad (2.8)$$

Por simplicidad, se realiza el cambio de variable $z = -d$, y se ubica el origen del sistema de coordenadas (d = 0) en la carga, tal como se observa en la figura. Con estas consideraciones, las ecuaciones (2.3) y (2.4), que dan la tensión y corriente total en la línea respectivamente, finalmente quedan:

$$V(d) = V^+ e^{+j\beta d} + V^- e^{-j\beta d} \qquad (2.9)$$

$$I(d) = \frac{V^+}{Z_0} e^{+j\beta d} - \frac{V^-}{Z_0} e^{-j\beta d} \qquad (2.10)$$

Vemos que ahora la variable de espacio a lo largo de la línea es d, con el origen ubicado en la carga y los valores positivos avanzando hacia el generador, con lo que se han invertido los signos de las funciones exponenciales que contienen la fase de las ondas incidentes y reflejadas. Estas ecuaciones son las que se utilizan más comúnmente ya que aportan alguna simplificación al realizar cálculos y mediciones.

2.3.1. Impedancia en la Línea

Para el sistema mostrado en la Figura 2.4, considerando las ecuaciones (2.9) y (2.10), y nuevamente despreciando las pérdidas, se demuestra que la Impedancia de Onda a lo largo de la línea de transmisión viene dada por [8]:

$$Z(d) = \frac{V(d)}{I(d)} = Z_0 \frac{Z_L + jZ_0 tg(\beta d)}{Z_0 + jZ_L tg(\beta d)} \qquad (2.11)$$

que es una función compleja que da el módulo y fase de la impedancia total en la línea a una distancia d de la carga.

2.3. Circuitos con Líneas de Transmisión

Se presentan tres casos particularmente útiles en los circuitos de microondas y que dependen del valor de la carga Z_L: igual a la impedancia característica de la línea, circuito abierto y cortocircuito. Estos casos, simplifican mucho la ecuación (2.11), y permiten desarrollar métodos de síntesis de elementos pasivos muy utilizados en adaptación de impedancias en microondas, razón por la cual se los estudia particularmente. El procedimiento consiste simplemente en valuar la impedancia de carga Z_L para los tres casos mencionados, y calcular la impedancia total $Z(d)$ en la ecuación (2.11) [8].

Impedancia de Carga igual a la Impedancia Característica ($Z_L = Z_0$)

Si la carga es una resistencia pura de valor igual a la impedancia característica, se verifica:

$$Z_L = Z_0 \;\Rightarrow\; Z(d) = Z_0 \qquad (2.12)$$

Es decir, cuando la impedancia de carga tiene el mismo valor que la impedancia característica de la línea, la impedancia total a lo largo de la misma es constante e igual al mismo valor de la impedancia característica Z_0, no depende de la distancia a la carga. Este es el caso que se busca generalmente en los circuitos de microondas, y muchos de los esfuerzos de diseño se enfocan en alcanzar esta situación, ya que implica la adaptación de la carga a la línea.

Impedancia de Carga en Circuito Abierto ($Z_L = \infty$, CA)

Si la carga se reduce a un circuito abierto (CA), se verifica:

$$Z_L = \infty \;\Rightarrow\; Z(d) = -jZ_0 cotg(\beta d) \qquad (2.13)$$

En la Figura 2.5 se grafican el módulo y fase de la impedancia Z(d) a lo largo de la línea, partiendo de la condición de circuito abierto en la carga.

Se observa que cada cuarto de longitud de onda se van intercambiando las condiciones de circuito abierto (CA) y cortocircuito (CC). También se observa que en el primer cuarto de longitud de onda, y entre las condiciones extremas de CA y CC, se tendrá una reactancia capacitiva, y en el próximo cuarto de longitud de onda una reactancia inductiva. Este intercambio sucesivo de impedancias y condiciones de carga se van intercambiando cada cuarto de longitud de onda a medida que nos movemos desde la carga hacia el generador.

Impedancia de Carga en Corto Circuito ($Z_L = 0$, CC)

Si la carga se reduce a un cortocircuito (CC), se verifica:

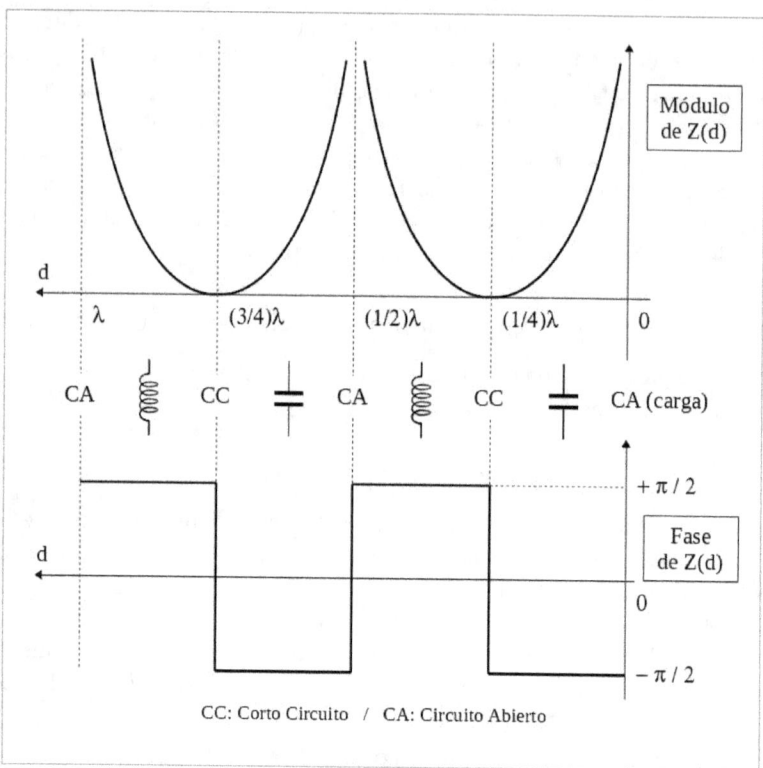

Figura 2.5: Módulo y Fase de Z(d) para carga en Circuito Abierto (CA).

$$Z_L = 0 \ \Rightarrow \ Z(d) = jZ_0 tg(\beta d) \tag{2.14}$$

En la Figura 2.6 se grafican el módulo y fase de la impedancia Z(d) a lo largo de la línea, partiendo de la condición de cortocircuito en la carga.

Se observa que cada cuarto de longitud de onda se van intercambiando las condiciones de cortocircuito (CC) y circuito abierto (CA). También se observa que en el primer cuarto de longitud de onda, y entre las condiciones extremas de CC y CA, se tendrá una reactancia inductiva, y en el próximo cuarto de longitud de onda una reactancia capacitiva. Este intercambio sucesivo de impedancias y condiciones de carga se van intercambiando cada cuarto de longitud de onda a medida que nos movemos desde la carga hacia el generador.

2.3. Circuitos con Líneas de Transmisión

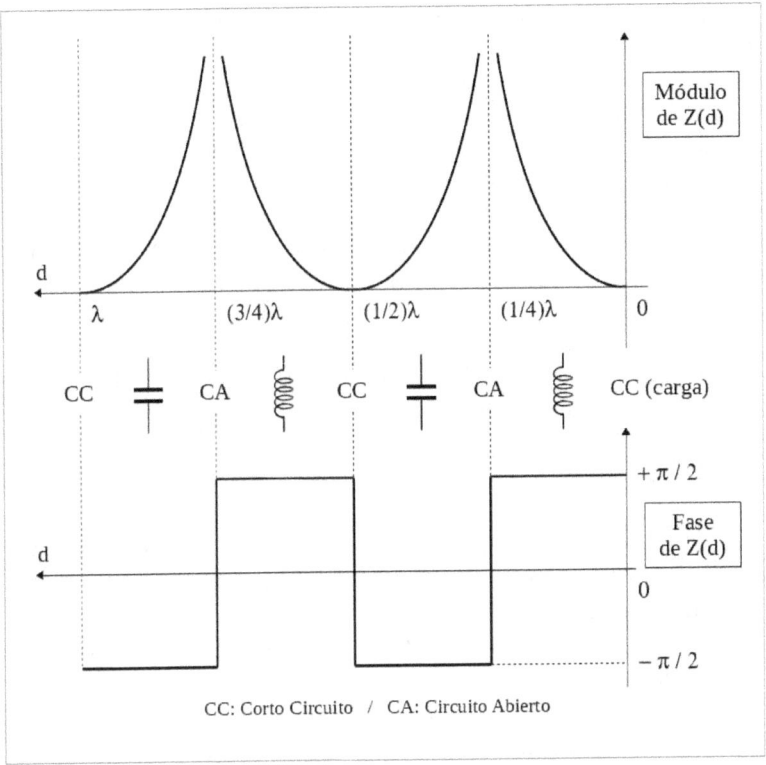

Figura 2.6: Módulo y Fase de Z(d) para carga en Corto Circuito (CC).

Estas ecuaciones reducidas de Z(d) y sus gráficas de módulo y fase, para casos especiales de condiciones de carga, son muy utilizadas en los circuitos de microondas, puesto que brindan un sencillo y poderoso método de síntesis de elementos pasivos con tramos de líneas de transmisión, lo cual permite desarrollar eficientes técnicas de adaptación de impedancias. Algunas de estas aplicaciones serán vistas en secciones subsiguientes.

2.3.2. Coeficiente de Reflexión

En el sistema Fuente-Línea-Carga mostrado en la Figura 2.4 existen dos puntos de cambios de medio, es decir, donde se alteran las propiedades del medio por el cual se transporta la onda electromagnética. Estos puntos son la unión entre la fuente de señal y la línea de transmisión, y la unión entre esta y la carga.

Por la teoría del campo electromagnético sabemos que donde existen alteraciones del medio de transmisión se producen reflexiones de onda: de la onda que incide en tales interfaces, parte se transfiere al segundo medio y la parte restante se refleja hacia la fuente [5][6][7]. Esto da origen al Coeficiente de Reflexión, que es una cantidad vectorial que da una medida de la porción de onda que se refleja en una interfaz, y está definida por el cociente entre la onda de tensión reflejada y la incidente [7][8]. Así, en cada punto de cambio de medio se define el Coeficiente de Reflexión como:

$$\Gamma(d) = \frac{\text{Tensión Reflejada}}{\text{Tensión Incidente}} = \frac{V^- e^{-j\beta d}}{V^+ e^{+j\beta d}} = \Gamma e^{-j2\beta d} \qquad (2.15)$$

$$\Gamma = \frac{V^-}{V^+}$$

Aquí el coeficiente de reflexión ha sido definido en base a las ondas de tensión, pero también podría definirse en términos de las ondas reflejada e incidente de corriente.

El coeficiente de reflexión se relaciona con la impedancia de onda de la siguiente forma [7][8]:

$$\Gamma(d) = \frac{Z(d) - Z_0}{Z(d) + Z_0} \qquad (2.16)$$

de donde puede despejarse el valor de la impedancia total en la línea en función del coeficiente de reflexión

$$Z(d) = Z_0 \frac{1 + \Gamma(d)}{1 - \Gamma(d)} \qquad (2.17)$$

El Coeficiente de Reflexión $\Gamma(d)$ y la Impedancia de Onda $Z(d)$ a lo largo de la línea están íntimamente relacionados, y de hecho, constituyen cantidades importantes para el análisis y diseño con líneas de transmisión [5][6][7].

Si en la interfaz se presenta desadaptación total, es decir se refleja toda la onda que incide, el coeficiente de reflexión es igual a la unidad, puesto que $V^- = V^+$, mientras que si existe adaptación total, no existe reflexión y se cumple $V^- = 0$, con lo que el coficiente de reflexión es nulo. Luego, los valores posibles del coeficientes de reflexión serán:

$$0 \leq \Gamma(d) \leq 1$$

2.3. Circuitos con Líneas de Transmisión

2.3.3. Relación de Onda Estacionaria

Cuando una onda incidente llega a una interfaz y se produce una reflexión, comienzan a coexistir en la línea dos ondas viajando en sentido contrario. En cada instante de tiempo, y en cada posición de la línea se suman las sucesivas ondas viajando en sentidos opuestos, generando una envolvente total cuya forma (picos y valles) permanece estática, es decir no se propaga, por lo cual se denomina Onda Estacionaria. En general se busca evitar la existencia de onda estacionaria, ya que esta implica la existencia de reflexiones. Mientras mayor variación de amplitud (diferencia entre picos y valles) presenta la Onda Estacionaria, mayores son las reflexiones.

Para cuantificar la onda estacionaria (y por ende, las reflexiones) en una determinada interfaz, se define una cantidad escalar denominada Relación de Onda Estacionaria (ROE), calculada como el cociente entre el mayor valor de tensión (pico de la onda estacionaria) y el menor valor de tensión (valle de la onda estacionaria) en la línea [7].

Así, sea V_{max} el valor de los picos de tensión de la onda estacionaria y V_{min} el valor de los valles de la misma, se define el ROE como:

$$ROE = \frac{V_{max}}{V_{min}} \tag{2.18}$$

y al igual que en el caso del coeficiente de reflexión, también el ROE puede calcularse por los valores máximos y mínimos de corriente:

$$ROE = \frac{I_{max}}{I_{min}} \tag{2.19}$$

Se demuestra que la ROE y el módulo del coeficiente de reflexión se relacionan según [7]:

$$ROE = \frac{1 + |\Gamma|}{1 - |\Gamma|} \tag{2.20}$$

$$|\Gamma| = \frac{ROE - 1}{ROE + 1} \tag{2.21}$$

Si existe reflexión total, el valor mínimo V_{min} llega a cero y la ROE es infinito, mientras que si no existen reflexiones no se produce onda estacionaria, se cumple en todo momento $V_{min} = V_{max}$ y el ROE es igual a la unidad. Entonces, los valores posibles de ROE son:

$$1 \leq ROE \leq \infty$$

2.4. Transformador de Cuarto de Lambda

Las gráficas de módulo y fase de las ecuaciones (2.13) y (2.14), mostradas en las figuras 2.5 y 2.6 respectivamente, sugieren una propiedad de "transformación" de la línea de transmisión cuando su longitud es un cuarto de la longitud de onda de la señal de trabajo.

En efecto, cada cuarto de lambda se invierte la condición de carga: los cortocircuitos se transforman en circuitos abiertos y viceversa, o bien las cargas inductivas se transforman en capacitivas y viceversa. Es decir, cada cuarto de longitud de onda se invierte la condición de carga, lo cual da lugar a un método de transformación de impedancias denominada "Transformado de $\lambda/4$", que consiste simplemente en una línea de transmisión de longitud igual a un cuarto de longitud de onda de la señal de trabajo, como se observa en la Figura 2.7.

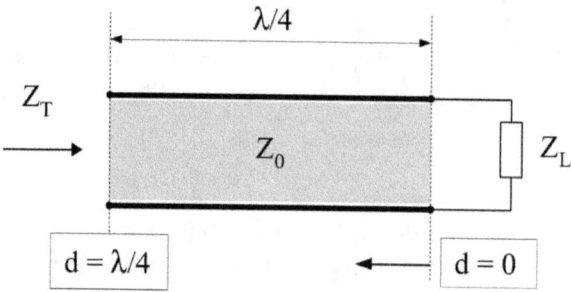

Figura 2.7: Transformador de Cuarto de Lambda.

La Impedancia del Transformador Z_T depende de la carga Z_L, de acuerdo a la ecuación de transformación del sistema. Para obtener la ecuación de transformación, retomamos la ecuación general de la impedancia a lo largo de la línea de transmisión:

$$Z(d) = Z_0 \frac{Z_L + jZ_0 tg(\beta d)}{Z_0 + jZ_L tg(\beta d)} \qquad (2.22)$$

si la longitud de la línea es $\lambda/4$, se tiene $d = \lambda/4$, por lo tanto:

$$\beta d = \frac{2\pi}{\lambda} \frac{\lambda}{4} = \frac{\pi}{2}$$

Siendo $tg(\pi/2) = \infty$, y levantando la indeterminación, se llega a la ecuación final del Transformador de $\lambda/4$:

$$Z_T = Z(\lambda/4) = \frac{Z_0^2}{Z_L} \tag{2.23}$$

Esta es otra poderosa técnica de adaptación de impedancias en circuitos de microondas, y es muy utilizada dada su sencillez y eficacia. Dado que depende directamente de la frecuencia de trabajo, el transformador de cuarto de lamda es de banda angosta (existen algunas técnicas para ampliar el ancho de banda de trabajo).

Observar que de acuerdo a la ecuación que da la impedancia del transformador (Z_T), si Z_L es una inductancia L, es transformada a un capacitor de valor $C = L/Z_0^2$, y si Z_L es un capacitor de valor C, es transformado a un inductor de valor $L = C Z_0^2$.

2.5. Pérdidas en la Línea de Transmisión

Una onda electromagnética que se propaga a través del vacío, cuyos Campos Eléctrico y Magnético son Ortogonales entre sí, y a su vez ambos Ortogonales a la dirección de propagación de la onda, recibe el nombre de Onda Transversal Electromagnética, u onda TEM. Así, siempre que hablemos de una Onda TEM, sabemos que se trata de una onda plana (no tiene componentes de Campo Eléctrico (E) ni Magnético (H) en la dirección de propagación) que viaja en la dirección perpendicular al plano formado por los campos Eléctrico y Magnético, normales entre sí.

En las condiciones mencionadas, si el medio de transmisión en el que se propaga la onda fuese el vacío, la onda continuaría desplazándose indefinidamente, ya que no existiría Atenuación ni Reflexiones, justamente por tratarse del vacío. Si el Medio de Transmisión no es el vacío, se produce una *Atenuación* de la onda y su potencia se va degradando a medida que se propaga. Además, si en su trayecto, la onda encuentra algún punto en que el medio de transmisión cambia sus constantes características (Permitividad Eléctrica ε, Permeabilidad Magnética μ y Conductividad σ), se produce una *Reflexión* de la onda. Ambas, Atenuación y Reflexión, constituyen los dos tipos de Pérdidas que se producen en cualquier medio de transmisión distinto del vacío, incluyendo las líneas de transmisión.

Si una Fuente de Energía es acoplada a una línea de transmisión, de manera que la onda electromagnética comienza a propagarse a través de la línea, sigue haciéndolo hasta que encuentra una discontinuidad, es decir cuando cambia el medio de transmisión. En ese punto, parte de la onda se transmite al segundo medio, y la parte restante es reflejada hacia la fuente, de forma tal que la suma de la *Onda Reflejada* y la *Onda Transmitida* es igual a la *Onda Incidente*.

Además, según las características de la línea de transmisión, la amplitud de la onda se va atenuando a medida que viaja por la misma [7].

Así, en el sistema Fuente-Línea-Carga mostrado en la Figura 2.4 existen tres puntos donde se pueden presentar pérdidas: interfaces Fuente-Línea y Línea-Carga, y a lo largo de la Línea. En los dos primeros casos se trata de Pérdidas por Reflexión y en el último caso se trata de Pérdidas por Atenuación.

Si se considera que la línea no tiene pérdidas, solo habrá pérdidas por reflexión en las interfaces, y si además estas se hallan totalmente adaptadas, no existirán pérdidas de ningún tipo en el sistema, lo cual se da cuando las impedancias de fuente y de carga son exactamente iguales a la impedancia característica de la línea.

Podemos inferir entonces que, en general, las pérdidas por atenuación se relacionan con la construcción (calidad) de la línea, mientras que las pérdidas por reflexión se relacionan con la aplicación o circuito donde esta se inserte.

Capítulo 3

Microstrip

La palabra *microstrip* podría traducirse como "microtira" o "microcinta". Se trata de un tipo especial de línea de transmisión, que consiste básicamente en una pista muy delgada de material conductor y un plano de masa (superficie conductora) separados por un medio dieléctrico [10]. En general, usaremos el término *microtira* para referirnos a esta tecnología tan difundida en el ámbito de las microondas.

La microtira puede ser implementada en la misma placa de circuito impreso en la que se confecciona el resto del circuito, con lo cual los trazos de material conductor sobre la placa de circuito impreso (PCB) que interconectan los distintos componentes, forman al mismo tiempo líneas de transmisión, y se comportan como tales. Es decir, si se los diseña convenientemente, pueden cumplir funciones de guías de ondas, transformadores de impedancias, representar elementos pasivos, y presentar todas las propiedades y características de una línea de transmisión cualquiera. Esto permite reducir las dimensiones de los circuitos, sus pérdidas y aumentar la confiabilidad, constituyendo así una tecnología muy práctica y extremadamente útil en los circuitos de microondas, razón por la cual se ha difundido tanto en el área de RF/MW. Se trata de un medio de transmisión muy eficaz, económico y versátil, omnipresente en todo circuito de comunicaciones de altas frecuencias.

Si la frecuencia de trabajo no es suficientemente alta, las dimensiones de las microcintas resultan demasiado grandes, aumentan las pérdidas y el comportamiento no es el óptimo, por lo cual se las utiliza en frecuencias más elevadas, típicamente superiores a 800 MHz, y muy especialmente a partir de 1 GHz.

Como ya se ha visto, cuando se trabaja en altas frecuencias los elementos concentrados pueden presentar comportamientos diferentes a los esperados e introducir errores importantes, por lo cual adquieren importancia las tecnologías de elementos distribuidos como las microtiras, que forman parte de un grupo general de líneas de transmisión denominadas "planas" (*planar transmission lines*), en referencia a que su diseño se basa en modificar dimensiones en un plano solamente. Antes de iniciar el estudio de microtira en particular, se verá una breve revisión de este tipo de líneas de transmisión, ya que se han desarrollado mucho en los últimos años, principalmente debido a la fabricación de circuitos integrado de microondas, constituyendo un área específica de diseño en sí misma [11].

3.1. Líneas de Transmisión Planas

Uno de los requisitos fundamentales que deben cumplir las líneas de transmisión utilizadas en la fabricación de circuitos integrados de microondas (Monolitic Microwave Integrated Circuit (MMIC)) es que presenten una estructura plana. Esto quiere decir que las características y propiedades de la línea se pueden determinar por sus dimensiones en un solo plano. Así, por ejemplo, la impedancia característica Z_0 de una línea conductora implementada sobre un sustrato dieléctrico se puede ajustar variando solamente el ancho de la pista. Cuando la impedancia puede ser controlada variando dimensiones en un solo plano, se facilita enormemente la fabricación de los circuitos integrados de microondas, y esto es justamente lo que ha permitido el enorme desarrollo que han experimentado estas líneas desde hace algunos años. Dado que en general las dimensiones físicas en el plano de importancia (ancho y largo) son mucho mayores que la dimensión restante (espesor), estas líneas presentan una estructura física cuya forma se considera plana [12].

Si bien su desarrollo se originó en la microelectrónica, algunas tecnologías, como las microtira por ejemplo, permiten su diseño y fabricación sobre una placa de circuito impreso, razón por la cual tomaron mucha relevancia en la construcción de circuitos y sistemas de microondas y se difundieron en tal grado que actualmente están presentes en todas las aplicaciones de microondas, incluso en circuitos digitales de alta velocidad, como placas de computadoras.

Existen muchos tipos de líneas de transmisión que reúnen requisitos para ser consideradas planas. En la Figura 3.1 se muestran algunas de las más importantes, y que pueden ser implementados en placas de circuito impreso [11][12][13].

En la figura se observan varios casos de lineas planas. Allí se muestran solamente porciones de sección de cada una de ellas, asumiendo que la placa se extiende hacia ambos lados. Las zonas oscuras (color negro) son conductores, típicamente el mismo laminado de cobre de las placas de circuito impreso, y las zonas claras (color gris) son el medio dieléctrico. Se observa que todas las formas contienen un plano de masa, constituido por la cara inferior de

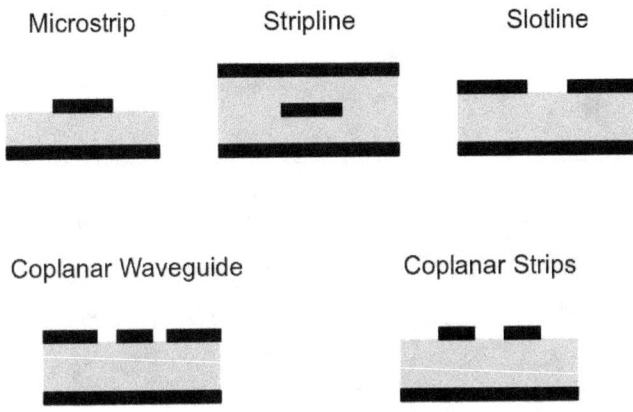

Figura 3.1: Líneas de transmisión planas.

la placa completamente cubierta de material conductor. Actualmente estas técnicas han evolucionado mucho y se han desarrollado enormemente debido su eficiencia, confiabilidad, reducido tamaño y bajo costo, ya que se diseñan e implementan sobre la misma placa en la que se desarrolla el resto del circuito. También se han desarrollado estructuras muy complejas para utilizarse en microelectrónica, incluso algunas en las que la transmisión se lleva a cabo mediante varios dieléctricos [12].

En este texto, se estudiará detalladamente el caso de las microtira, que son por lejos las más comúnmente utilizadas, las más sencillas de diseñar y construir, y las que permiten cierto ajuste luego de ser fabricadas, lo que las hace muy apropiadas para la construcción de prototipos. Bajo determinadas condiciones, permiten un modo de transmisión cuasi-TEM y son fácilmente equiparables a un cable coaxial, facilitando su comprensión y estudio.

3.2. Microtira

El funcionamiento general de la microtira puede comprenderse fácilmente (al menos en forma conceptual) si se la piensa como una evolución de otras líneas de transmisión, como la de dos conductores paralelos o el cable coaxial, tal como se muestra en la Figura 3.2 [12][14].

En la parte superior de la figura se observa la evolución a partir de un sistema de conductores paralelos de sección circular y separados por aire (línea de

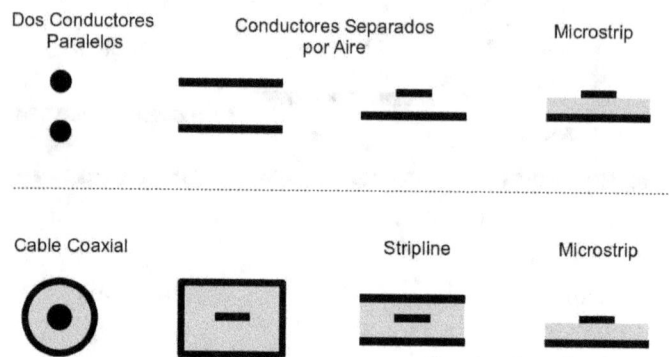

Figura 3.2: Evolución conceptual de la línea microtira.

dos conductores paralelos), que van modificando su sección transversal hasta llegar a la configuración de la microtira. Primero se llega a un sistema de dos placas paralelas, luego uno de los conductores se transforma en una tirilla más angosta y finalmente se inserta un dieléctrico entre ambos conductores, obteniendo el sistema de la *Micrsotrip*. En la parte inferior de la figura se muestra la evolución a partir de un cable coaxial clásico (dos conductores concéntricos separados por un dieléctrico), en el cual se transforma su sección transversal circular a una forma rectangular, tanto el conductor interno como el externo, luego se quitan las paredes laterales, obteniendo así la *Stripline*, y finalmente se quita la parte superior del sistema, obteniendo así la *Microstrip*.

Observamos entonces que la microtira es básicamente una tira de material conductor sobre una superficie conductora extensa (*Plano de Masa*), y separada de esta por un dieléctrico. En estas condiciones, y si se cumplen algunos requerimientos dimensionales, una onda electromagnética de modo TEM (en rigor, una aproximación al mismo) puede propagarse a través del dialéctico confinado entre la microtira y el Plano de Masa. En otras palabras, el sistema conformado por el plano de masa y la pista de conductor separados por un dieléctrico forma una línea de transmisión, que puede ser directamente implementada en la misma placa de circuito impreso donde se fabrica el resto del circuito. De esta forma, se obtiene un medio de transmisión muy económico y versátil, que puede ser utilizado en numerosas aplicaciones de microondas.

En la Figura 3.3 se muestra la distribución aproximada de las líneas de campo eléctrico **E** y magnético **H** en la microtira, donde se observa una característica importante de este tipo de líneas que las diferencia de las demás, y que se explica a continuación.

3.2. Microtira

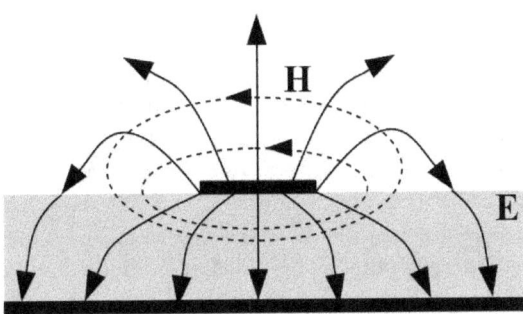

Figura 3.3: Distribución de campos en la la microtira.

Si bien la microtira puede ser fácilmente vista como una evolución de otras líneas de transmisión (Figura 3.2), presenta una diferencia importante respecto de las demás, y es que posee una discontinuidad en el medio que separa los dos conductores. En efecto, los conductores paralelos están separados uniformemente por aire, mientras que el cable coaxial y la stripline poseen sus conductores separados por un mismo dieléctrico, lo cual provoca que el campo en estas líneas se propague por un único medio: el aire en los dos conductores y el dieléctrico en el cable coaxial y en la stripline. En cambio, tal como se puede ver en la Figura 3.3, el campo electromagnético en la microtira se distribuye parte en el aire y parte en el dieléctrico que separa ambos conductores. Esta característica hace que la distribución del campo sea muy compleja y que aumenten las pérdidas, dificultando considerablemente el modelado de la línea, y por consiguiente, los métodos de análisis y diseño del sistema [12].

La misma característica que hace de la microtira un medio económico y fácil de fabricar y ajustar, a su vez lo vuelve complejo para analizar y diseñar. Incluso, justamente esta es la razón por la cual decimos que el modo en el que se propaga la onda en la microtira es *cuasi-TEM*, debido justamente a que esta modificación en el dieléctrico origina un deformación en los campos eléctrico y magnético que alejan un poco el modo de propagación de un modo TEM puro. No obstante, en la mayoría de las aplicaciones, especialmente de baja señal, el modo de propagación se puede asimilar a un modo TEM.

3.2.1. Aplicaciones

Debido a su simplicidad de fabricación, y a que presenta la posibilidad de ajustes sencillos luego de ser fabricada, la microtira se ha difundido enormemente en el área de circuitos de microondas, estando presente en casi todas las aplicaciones de frecuencias superiores (aproximadamente) a 800 MHz, y especialmente utilizadas cuando se superan los 1000 MHz. En teoría, también podrían utilizarse en frecuencias más bajas, pero su tamaño resulta excesivamente grande y se incrementan las pérdidas, resultando en un comportamiento defectuoso o nulo.

En altas frecuencias, constituyen un medio de transmisión muy versátil, económico, pequeño y que permite mayor exactitud en los circuitos debido a una reducción de los componentes parásitos. Así, en la misma placa en que se sueldan los componentes del circuito de microondas, se implementan las pistas de cobre de longitudes y anchos convenientemente diseñados para que representen líneas de transmisión, transformadores de impedancias, filtros y demás componentes pasivos, incluso antenas.

Como ya vimos, una tecnología muy próxima a la microtira es la stripline, que es similar a la microtira, solo que cuenta con dos planos de tierra, ambos encerrando el dieléctrico y el trozo de conductor central. Una rápida comparación entre ambas tecnologías permite observar que la stripline posee menos pérdidas por irradiación, son más difíciles de construir y no permiten ajustes posteriores. Por el contrario, las microtira son más sencillas de confeccionar y permiten ajustes luego de fabricarse, pero poseen mayores pérdidas debido a la dispersión de los campos. En general, las stripline se utilizan en placas finales multicapa con un alto grado de evolución y en circuitos integrados de microondas (MMIC), donde se pueden obtener altos factores de mérito (Q).

Antes de comenzar con el análisis y diseño de microtiras, veremos los distintos parámetros físicos que la caracterizan.

3.2.2. Parámetros de la Microtira

Supongamos un tramo de micrsotrip, tal como se puede observar en la Figura 3.4. Allí se pueden identificar los parámetros electromagnéticos y físicos que caracterízan este tipo de líneas, los cuales se pueden resumir de la siguiente manera:

3.2. Microtira

$w =$ *width*, Ancho de la Tira de Conductor, en mm.

$w_e =$ *effective width*, Ancho Efectivo de la Tira de Conductor, en mm.

$t =$ *thickness*, Espesor del Material Conductor, en mm.

$h =$ *height*, Altura del Dieléctrico, en mm.

$d =$ *distance*, Distancia a la Carga o Longitud, en mm.

$\varepsilon_r =$ Permitividad Relativa del Dieléctrico, sin dimensiones.

$\varepsilon_r' =$ Permitividad Efectiva del Dieléctrico, sin dimensiones.

$f_0 =$ Frecuencia de Trabajo, en Hz.

$\lambda_0 =$ Longitud de Onda en el Vacío, en m.

$\lambda' =$ Longitud de Onda Efectiva en el Dieléctrico, en m.

$Z_0 =$ Impedancia Característica de la Línea, en Ohms.

$Z(d) =$ Impedancia Vista en el Extremo de la Línea, en Ohms.

En los cálculos para el diseño de la microtira, como veremos, se toma una permitividad efectiva que es menor a la indicada por el fabricante del material, debido principalmente a las pérdidas por dispersión de la onda electromagnética que se produce en el aire que circunda a la microtira.

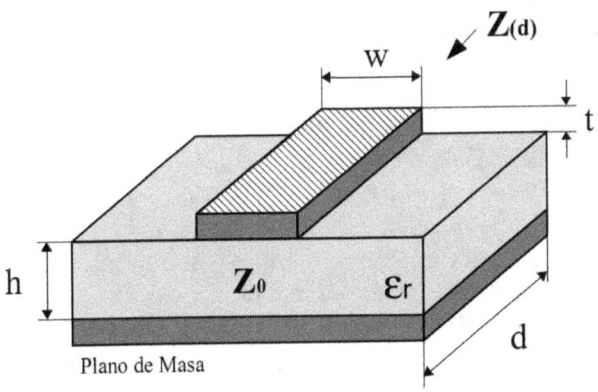

Figura 3.4: Parámetros físicos de la microtira.

Un sistema como el mostrado en la Figura 3.4, en el cual el ancho de la tira metálica es mucho menor al ancho del plano de masa, y el espesor del material conductor es mucho menor que la altura del dieléctrico, es capaz de transportar ondas electromagnéticas en un modo muy aproximado al TEM. Típicamente la altura del dieléctrico puede estar en el orden de 1,6 mm y el espesor del cobre en 35 μ, pero todo depende del material y su laminación.

3.2.3. Análisis y Diseño de Microtira

Como ya se ha indicado, la microtira es básicamente una forma más de línea de transmisión, con sus características particulares. Sus principios de funcionamiento son los mismos que los de otras líneas, como el cable coaxial o cables paralelos, y pueden aplicarse a ellas toda la teoría de medios de transmisión de ondas electromagnéticas.

Así, tanto para el análisis como para el diseño, se presentan básicamente dos líneas de trabajo: la caracterización completa de la línea (relacionada al ancho de la microtira) y el cálculo de un tramo del línea (relacionada a su largo). En el primer caso se deben relacionar los parámetros físicos de la línea con su impedancia característica para lograr una caracterización completa del sistema (por ejemplo, calcular el ancho para que presente una impedancia característica específica). En el segundo caso se puede requerir calcular el largo que debe tener el tramo de línea para un fin específico (por ejemplo, sintetizar un componente pasivo).

Considerando los parámetros físicos de la microtira observados en la Figura 3.4, y considerando que generalmente se implementa en la misma placa en que se fabrica el resto del circuito (se aprovechan las pistas del mismo), la mayoría de estos parámetros ya están fijados previamente. En efecto, una vez se cuenta con el material para la fabricación del PCB, ya se tienen fijas las variables Altura del Dieléctrico (h), Espesor del Cobre (t) y Permitividad Relativa del Dieléctrico (ε_r). Los únicos parámetros físicos que se pueden variar son el Ancho de la Microtira (w) y su Largo (d), y son justamente estos dos parámetros los que se calculan y modifican en las etapas de diseño.

Así, se puede dividir el proceso de diseño en dos procedimientos: cálculo del Ancho w y cálculo del Largo d. En el primer caso, se parte de los parámetros físicos de la placa (permitividad ε_r, altura del dieléctrico h y espesor del cobre t) y la impedancia característica Z_0 deseada, y se calcula el ancho w para que la microtira presente tal impedancia. En el segundo caso, y teniendo ya la caracterización completa de la línea, se parte de los parámetros electromagnéticos (impedancia característica Z_0, frecuencia de trabajo f_0) y de la impedancia deseada $Z(d)$, y se calcula el largo d que deberá tener el tramo de línea para presentar tal impedancia (síntesis de elementos pasivos). La impedancia $Z(d)$ que se desea sintetizar puede ser una Resistencia pura (R),

3.2. Microtira

una Inductancia pura (L), una Capacitancia pura (C), o una combinación de estos elementos [15]. Ambos procedimientos de diseño se pueden resumir en las siguientes ecuaciones simbóblicas:

$$\text{Ancho de la Línea: } w = f(\varepsilon_r, h, t, Z_0)$$
$$\text{Largo del Tramo: } d = f(Z_0, f_0, Z(d))$$

Observamos que en el primer caso lo que se hace es definir completamente a la línea de transmisión y en el segundo caso se calcula el largo de un tramo de línea para un determinado fin.

En el caso de Análisis se presentan situaciones similares, solamente que se invierten las variables de entrada y salida. Para el caso de la línea completa, se parte de una microsrip ya fabricada (pista de circuito impreso en una placa de microonda) y en base a sus parámetros físicos se obtiene la impedancia característica que presenta. En el caso de un tramo de línea, además de sus parámetros físicos se considera también la frecuencia de trabajo, y así se obtiene la impedancia que representa [15]. Ambos procedimientos de análisis se pueden resumir en las siguientes ecuaciones simbólicas:

$$\text{Impedancia Característica de la Línea: } Z_0 = f(\varepsilon_r, w, h, t)$$
$$\text{Impedancia del Tramo: } Z(d) = f(Z_0, f_0, d)$$

La Tabla 3.1 resume lo que se ha explicado, con el fin de dar al lector una visión global de los procedimientos de cálculo que se verán en las secciones subsiguientes.

Tabla 3.1: Análisis y Diseño con microtira.

	Análisis	Diseño
Línea	$Z_0 = f(\varepsilon_r, w, h, t)$	$w = f(\varepsilon_r, h, t, Z_0)$
Tramo	$Z(d) = f(Z_0, f_0, d)$	$d = f(Z_0, f_0, Z(d))$

Ahora bien, en todos los casos descriptos se requiere contar con un modelo que describa el comportamiento de la microtira y brinde las ecuaciones de diseño y análisis necesarias para implementaciones prácticas, y en lo posible, que estas ecuaciones sean cerradas. Se requiere contar con ecuaciones que relacionen los parámetros electromagnéticos del medio (como impedancia característica) y parámetros físicos (como ancho de la tira metálica y altura del dieléctrico), lo cual se trata en las secciones siguientes.

3.3. Ecuaciones de Diseño y Análisis

Debido a la complejidad de la distribución del campo electromagnético en la microtira (modo aproximado a TEM), resulta muy dificultoso obtener un modelo exacto de las mismas, y por consiguiente, desarrollar ecuaciones cerradas y exactas para el análisis y diseño en el trabajo con microtiras. Por este motivo, la mayoría de los modelos son empíricos y deben ser aplicados dentro de un determinado rango de validez, correspondiente a las condiciones en las cuales se extrajo el modelo experimental [10].

Desde la invención de esta línea de transmisión hasta nuestros días, se han desarrollado muchos modelos con diferentes grados de aproximación, basados en diversos métodos (mapeo conformal, técnicas variacionales, etc.) y se han publicado muchos trabajos de investigación. De todos los modelos desarrollados y publicaciones científicas referidas a microtira, los trabajos de investigación de Wheeler, Schneider y Hammerstad adquirieron notable importancia porque fueron los primeros en aportar ecuaciones cerradas, las cuales resultan fundamentales para el análisis y diseño de microtiras, y también para su simulación, puesto que acortan enormemente los tiempos de simulación y requieren menos recursos. [1]

Los tres autores aportaron ecuaciones cerradas para análisis (impedancia característica y permitividad efectiva), mientras que Wheeler y Hammertad también aportaron ecuaciones cerradas para el diseño (relación entre ancho de la tira y altura del dieléctrico). Primeramente se utilizaron las ecuaciones de Wheeler y luego las de Hammertad, ya que este, basándose en los trabajos de Wheeler y Schneider, logró disminuir el error en algunas de las ecuaciones [10]. Luego de estos trabajos, y a través de varios años, se siguieron publicando muchos otros, especialmente destinados a mejorar las técnicas de simulación. No obstante, todos ellos se basan en las investigaciones de Wheeler, Schneider y Hammerstad, y es por este motivo que los trabajos de estos tres autores siguen siendo en la actualidad la base para aplicaciones más complejas que incluyan microtira [10][17][18][19][20][22].

En este texto se estudiarán las ecuaciones cerradas derivadas de los modelos de Wheeler y Hammerstad, por ser los dos primeros que presentaron ecuaciones

---

[1]Una revisión exhaustiva de la bibliografía puede incluso resultar abrumadora, ya que ciertamente en la actualidad existen muchísimos trabajos referidos a mirostrip. Wheeler, Schneider y Hammerstad, entre los años 1964 y 1981, y utilizando métodos híbridos, fueron los primeros en aportar expresiones cerradas, directamente aplicables a casos prácticos de diseño y análisis, y es por este motivo que sus trabajos constituyen las referencia básicas en esta área. Los trabajos de los tres autores se indican en las referencias [16] a [23], ordenados cronológicamente. La referencia [10] es un buen resumen para el diseño con microtira y sus consideraciones prácticas.

3.3. Ecuaciones de Diseño y Análisis

para diseño (basadas en métodos empíricos), que en definitiva es lo importante en el diseño de amplificadores de microondas. Actualmente, estos dos métodos son las base de la gran mayoría de métodos de cálculo y diseño de microtiras, herramientas de simulación y trabajos de investigación, tanto para diseño como análisis [2] [17][19][20][22].

3.3.1. Consideraciones Generales

Se considera que el aire que rodea a la microtira se comporta como el vacío ($\varepsilon_r = 1, \mu_r = 1, \sigma = 0$), que el dieléctrico carece de propiedades magnéticas ($\mu_r = 1$), y que tanto el aire como el dieléctrico no presentan pérdidas por conducción ($\sigma = 0$). Las pérdidas por dispersión del campo están contempladas en los modelos, y de allí que las ecuaciones son ajustadas mediante coeficientes y poseen un rango acotado de utilización (modelos empíricos). Se considera también que las microtira presentan pérdidas por atenuación suficientemente pequeñas para que puedan despreciarse.

Se puede utilizar cualquier sistema de unidades, pero siempre se debe mantener la consistencia. En este texto se utiliza el Sistema Internacional de Unidades: las variables electromagnéticas se presentan en las unidades usuales vistas en los textos de referencia y las dimensiones físicas están en milímetros (mm), salvo que expresamente se indique lo contrario.

Debido al problema ya explicado del modo de transmisión de las ondas en la microtira (cuasi-TEM), se produce una deformación del campo electromagnético que se traduce también en una variación de la permitividad efectiva del dieléctrico y la longitud de onda en el mismo. De la teoría de líneas de transmisión, se demuestra que la Longitud de Onda Efectiva en la microtira está dada por [10]:

$$\lambda' = \frac{c}{f\sqrt{\varepsilon_r'}} = \frac{\lambda_0}{\sqrt{\varepsilon_r'}} \tag{3.1}$$

donde λ_0 es la Longitud de Onda en el vacío y ε_r' es la Permitividad Efectiva del dieléctrico.

A continuación se verán el análisis y diseño de tramos de microtiras básicas según los métodos de Wheeler y Hammerstad. El lector puede estudiar circuitos con microtiras más complejos (tales como filtros, mezcladores, etc.) en la bibliografía de referencia [10][12][24][25].

---

[2]En general, se tiende a utilizar más el modelo de Hammerstad dado que sus ecuaciones logran disminuir el error en determinados rangos de trabajo. No obstante, ambos métodos son muy similares, al punto que varias de las ecuaciones son comunes en ambos modelos.

Para facilitar la consulta rápida de estas ecuaciones, en el Apéndice A se presenta un listado resumido de las mismas, para ambos métodos, tanto para análisis como para diseño.

3.3.2. Ecuaciones de Wheeler

A continuación se indican las ecuaciones derivadas del modelo propuesto por H. A. Wheeler, basado en las referencias [10][17][20]. Se muestran solamente las ecuaciones más comunmente utilizadas en las aplicaciones prácticas, divididas en Diseño y Análisis, según lo esquematizado por las relaciones de la Tabla 3.1.

Ecuaciones de Wheeler para Diseño

Partiendo de los parámetros físicos del material sobre el cual se construirá la microtira, se calcula el ancho que debe tener la tira para presentar una determinada impedancia característica.

Para $w/h \leq 2$:

$$A = \frac{Z_0}{60} \sqrt{\frac{\varepsilon_r + 1}{2}} + \frac{\varepsilon_r - 1}{\varepsilon_r + 1} \left(0,226 + \frac{0,121}{\varepsilon_r} \right) \tag{3.2}$$

$$\frac{w}{h} = \frac{8\,e^A}{e^{2A} - 2} \tag{3.3}$$

Para $w/h \geq 2$:

$$B = \frac{377\,\pi}{2\,Z_0\,\sqrt{\varepsilon_r}} \tag{3.4}$$

$$\frac{w}{h} = \frac{\varepsilon_r - 1}{\pi\,\varepsilon_r} \left[ln(B - 1) + 0,293 - \frac{0,517}{\varepsilon_r} \right] + \frac{2}{\pi} \left[B - 1 - \ln(2\,B - 1) \right] \tag{3.5}$$

Ecuaciones de Wheeler para Análisis

Partiendo de una microtira ya construida, se calcula la impedancia característica que presenta.

3.3. Ecuaciones de Diseño y Análisis

Para $w/h \leq 1$:

$$\varepsilon'_r = \frac{\varepsilon_r + 1}{2} + \frac{\varepsilon_r - 1}{2} \left[\frac{1}{\sqrt{1 + \dfrac{12h}{w}}} + 0,04 \left(1 - \frac{w}{h}\right)^2 \right] \qquad (3.6)$$

$$Z_0 = \frac{60}{\sqrt{\varepsilon'_r}} \ln \left(\frac{8h}{w} + \frac{w}{4h} \right) \qquad (3.7)$$

Para $w/h \geq 1$:

$$\varepsilon'_r = \frac{\varepsilon_r + 1}{2} + \frac{\varepsilon_r - 1}{2} \left[\frac{1}{\sqrt{1 + \dfrac{12h}{w}}} \right] \qquad (3.8)$$

$$Z_0 = \frac{120\pi / \sqrt{\varepsilon'_r}}{\dfrac{w}{h} + 2,46 - 0,49\dfrac{h}{w} + \left(1 - \dfrac{h}{w}\right)^6} \qquad (3.9)$$

donde ε'_r es la Permitividad Relativa Efectiva, que es un poco menor a la real del substrato, ya que la misma tiene en cuenta las pérdidas por dispersión de campo en el aire que rodea a la microtira.

3.3.3. Ecuaciones de Hammerstad

A continuación se indican las ecuaciones derivadas del modelo propuesto por E. O. Hammerstad, basado en las referencias [10][19][22]. Nuevamente, se muestran solamente las ecuaciones más usadas en los casos prácticos, divididas en Diseño y Análisis, según lo esquematizado por las relaciones de la Tabla 3.1.

Ecuaciones de Hammertad para Diseño

Partiendo de los parámetros físicos del material sobre el cual se construirá la microtira, se calcula el ancho que debe tener la misma para presentar una determinada impedancia característica.

Para $w/h \leq 2$:

$$A = \frac{Z_0}{60}\sqrt{\frac{\varepsilon_r + 1}{2}} + \frac{\varepsilon_r - 1}{\varepsilon_r + 1}\left(0,23 + \frac{0,11}{\varepsilon_r}\right) \tag{3.10}$$

$$\frac{w}{h} = \frac{8\,e^A}{e^{2A} - 2} \tag{3.11}$$

Para $w/h \geq 2$:

$$B = \frac{377\,\pi}{2\,Z_0\,\sqrt{\varepsilon_r}} \tag{3.12}$$

$$\frac{w}{h} = \frac{2}{\pi}\left[B - 1 - \ln(2\,B - 1) + \frac{\varepsilon_r - 1}{2\,\varepsilon_r}\left(\ln(B - 1) + 0,39 - \frac{0,61}{\varepsilon_r}\right)\right] \tag{3.13}$$

Ecuaciones de Hammertad para Análisis

Partiendo de una microtira ya construida, se calcula la impedancia característica que presenta.

Para $w/h \leq 1$:

$$\varepsilon'_r = \frac{\varepsilon_r + 1}{2} + \frac{\varepsilon_r - 1}{2}\left[\frac{1}{\sqrt{1 + \frac{12h}{w}}} + 0,04\left(1 - \frac{w}{h}\right)^2\right] \tag{3.14}$$

$$Z_0 = \frac{60}{\sqrt{\varepsilon'_r}}\ln\left(\frac{8h}{w} + \frac{w}{4h}\right) \tag{3.15}$$

Para $w/h \geq 1$:

$$\varepsilon'_r = \frac{\varepsilon_r + 1}{2} + \frac{\varepsilon_r - 1}{2}\left[\frac{1}{\sqrt{1 + \frac{12h}{w}}}\right] \tag{3.16}$$

$$Z_0 = \frac{120\pi/\sqrt{\varepsilon'_r}}{\frac{w}{h} + 1,393 + 0,667\ln\left(1,444 + \frac{w}{h}\right)} \tag{3.17}$$

3.4. Ejemplo de Cálculo del Ancho

Hammertad mostró que si se cumple $0,05 \leq w/h \leq 20$ y $\varepsilon_r \leq 16$, sus ecuaciones presentan un error relativo máximo menor a $\pm 0{,}5\,\%$ y $\pm 0{,}8\,\%$ respectivamente [10].

3.3.4. Corrección por Espesor del Cobre

Estos modelos presuponen la condición ideal de una lámina conductora de dos dimensiones, es decir espesor del cobre infinitamente pequeño ($t/h = 0$), lo cual no se da en la práctica. Cuando se verifica $t/h \leq 0,005$, $2 \leq \varepsilon_r \leq 10$ y $0,1 \leq w/h \leq 5$, las condiciones reales se acercan suficientemente a las teóricas ideales y no es necesario llevar a cabo ninguna corrección. Fuera de estos rangos, se debe aplicar una corrección al ancho de la microtira para compensar las pérdidas en el cobre (espesor t).

Para ambos métodos (Wheeler/Hammerstad), luego de determinar el ancho w de la microtira, se puede modificar esta dimensión y obtener un Ancho Efectivo w_e que compensa las pérdidas en el cobre. Si se verifica que $t \leq h$ y $t < w/2$, tal compensación se realiza con las siguientes ecuaciones [10]:

Para $w/h \leq 1/2\pi$:

$$w_e = w + \frac{t}{\pi}\left[1 + \ln\left(\frac{4\pi w}{t}\right)\right] \tag{3.18}$$

Para $w/h \geq 1/2\pi$:

$$w_e = w + \frac{t}{\pi}\left[1 + \ln\left(\frac{2\,h}{t}\right)\right] \tag{3.19}$$

Este será el ancho exacto real que deberá tener la microtira en el momento de ser implementada en la placa de circuito impreso considerada.

3.4. Ejemplo de Cálculo del Ancho

Para mostrar la aplicación de las ecuaciones vistas en las secciones anteriores, se va a diseñar una microtira cuya impedancia característica sea de 50 Ω, para ser implementada en un material con las siguientes características:

Permitividad relativa del dieléctrico: $\varepsilon_r = 2,2$
Altura del dieléctrico: $h = 1,57$ mm
Espesor del cobre: $t = 0,05$ mm

Se debe calcular un ancho efectivo (en mm) que considere la compensación por pérdidas en el cobre. A modo de ejemplo, se realizarán los cálculos utilizando ambos métodos (Wheeler y Hammertad) y en los dos casos se realizará la comprobación mediante las ecuaciones de análisis.

3.4.1. Método de Wheeler

Lo que se desea calcular es el ancho w de la microtira, por lo que se desconoce la relación w/h y no se sabe, a priori, cuál de las expresiones utilizar (según relación w/h). Por lo tanto, se calculan ambas y los dos resultados deberían dar muy similares, puesto que la elección de una u otra afecta solamente al error que provocan, y este se mantiene dentro de un margen acotado. Luego de calcular ambas ecuaciones, se tomará el resultado correspondiente a la ecuación que cumpla la relación w/h, que será la que presenta la mejor aproximación.

$$A = \frac{Z_0}{60} \sqrt{\frac{\varepsilon_r + 1}{2}} + \frac{\varepsilon_r - 1}{\varepsilon_r + 1} \left(0,226 + \frac{0,121}{\varepsilon_r} \right) = 1,15947$$

$$B = \frac{377\,\pi}{2\,Z_0\,\sqrt{\varepsilon_r}} = 7,98509$$

$$\left. \frac{w}{h} \right|_{\leq 2} = \frac{8\,e^A}{e^{2A} - 2} = 3,12387$$

$$\left. \frac{w}{h} \right|_{\geq 2} = \frac{\varepsilon_r - 1}{\pi\,\varepsilon_r} \left[ln(B - 1) + 0,293 - \frac{0,517}{\varepsilon_r} \right] + \frac{2}{\pi} \left[B - 1 - \ln(2\,B - 1) \right]$$

$$\left. \frac{w}{h} \right|_{\geq 2} = 3,07167$$

Se observa que ambas ecuaciones (para $w/h \leq 2$ y para $w/h \geq 2$) dan resultados similares, ambos mayores que 2, por lo que se toma el valor correspondiente a la ecuación de $w/h \geq 2$:

$$\frac{w}{h} = 3,07167 \Rightarrow w = 3,07167\,h$$

Si ambos resultados hubiesen sido muy diferentes, debería sospecharse de algún error de cálculo. El motivo de este doble cálculo y posterior elección es elegir la ecuación que arroja resultado más exacto (menor error). En el caso poco probable que ambas ecuaciones resulten igualadas a 2,00000, puede tomarse cualquiera de ellas, o bien puede aumentarse el número de decimales.

3.4. Ejemplo de Cálculo del Ancho

Dado que se conoce la altura del dieléctrico $h = 1,57$ mm, se puede calcular el ancho w de la microtira:

$$w = 4,82252 \text{ mm}$$

Ahora debe realizarse la corrección por espesor de la tira de cobre, considerando que $w/h = 3,07167 > 1/2\pi$:

$$w_e = w + \frac{t}{\pi}\left[1 + \ln\left(\frac{2\,h}{t}\right)\right] = 4,90433 \text{ mm}$$

con lo que la microtira, según este método, deberá tener un ancho efectivo de:

$$w_e = 4,90 \text{ mm}$$

Este es el ancho con el cual debe implentarse la pista de cobre que formará la microtira.

Para verificar los resultados, ahora pueden utilizarse las ecuaciones de análisis para realizar el proceso inverso: a partir de las dimensiones físicas de la microtira se calcula su impedancia característica. En este caso no se utiliza el ancho efectivo corregido w_e, sino directamente el ancho w.

Primero se calcula la permitividad efectiva de la microtira, considerando que $w/h = 3,07167 > 1$:

$$\varepsilon'_r = \frac{\varepsilon_r + 1}{2} + \frac{\varepsilon_r - 1}{2}\left[\frac{1}{\sqrt{1 + \dfrac{12h}{w}}}\right] = 1,87268$$

Con este valor se calcula ahora la impedancia característica, para la misma relación w/h:

$$Z_0 = \frac{120\pi/\sqrt{\varepsilon'_r}}{\dfrac{w}{h} + 2,46 - 0,49\dfrac{h}{w} + \left(1 - \dfrac{h}{w}\right)^6} = 49,85556 \ \Omega$$

Como se ve, la Z_0 es muy próxima a los 50 Ω especificados por diseño, por lo que el ancho $w_e = 4,90$ mm está correctamente calculado.

3.4.2.   Método de Hammerstad

Se sigue exactamente la misma metodología general que en el caso de Wheeler, pero aplicando las ecuaciones de Hammertad.

Nuevamente se comienza calculando las relaciones w/h para ambas situaciones:

$$A = \frac{Z_0}{60} \sqrt{\frac{\varepsilon_r + 1}{2}} + \frac{\varepsilon_r - 1}{\varepsilon_r + 1} \left(0,23 + \frac{0,11}{\varepsilon_r} \right) = 1,15909$$

$$B = \frac{377\,\pi}{2\,Z_0\,\sqrt{\varepsilon_r}} = 7,98509$$

$$\left. \frac{w}{h} \right|_{\leq 2} = \frac{8\,e^A}{e^{2A} - 2} = 3,12561$$

$$\left. \frac{w}{h} \right|_{\geq 2} = \frac{2}{\pi} \left[B - 1 - \ln(2\,B - 1) + \frac{\varepsilon_r - 1}{2\,\varepsilon_r} \left(\ln(B - 1) + 0,39 - \frac{0,61}{\varepsilon_r} \right) \right]$$

$$\left. \frac{w}{h} \right|_{\geq 2} = 3,08117$$

Se hacen notar las siguientes observaciones: el coeficiente A es ligeramente diferente al calculado con Wheeler, solo difieren a partir del cuarto decimal; el coeficiente B es exactamente el mismo que el obtenido con Wheeler; los valores de w/h son notablemente similares a los calculados en ambos métodos. Se ha mostrado que el método de Hammertad es levemente más exacto que Wheeler en la mayoría de las aplicaciones, no obstante ambos métodos arrojan excelentes resultados [10].

En ambos casos la relación w/h es mayor a 2, por lo que se elige la ecuación válida para $w/h \geq 2$, y se calcula el ancho de la microtira:

$$\frac{w}{h} = 3,08117$$

con $h = 1,57$ mm,

$$w = 3,08117\,h = 4,83744 \text{ mm}$$

Ahora se realiza la corrección por espesor del cobre. Considerando que $w/h = 3{,}08117 > 1/2\pi$:

$$w_e = w + \frac{t}{\pi} \left[1 + \ln\left(\frac{2\,h}{t} \right) \right] = 4,91925 \text{ mm}$$

3.4. Ejemplo de Cálculo del Ancho

Entonces, finalmente la microtira deberá tener un ancho real de:

$$w_e = 4,92 \text{ mm}$$

que sólo difiere en 2 centésimas de mm del valor calculado con le método de Wheeler.

Veamos ahora la comprobación con las ecuaciones de análisis, considerando que $w/h = 3,08117 > 1$:

$$\varepsilon'_r = \frac{\varepsilon_r + 1}{2} + \frac{\varepsilon_r - 1}{2} \left[\frac{1}{\sqrt{1 + \dfrac{12h}{w}}} \right] = 1,87120$$

y calculando finalmente la impedancia característica:

$$Z_0 = \frac{120\pi / \sqrt{\varepsilon'_r}}{\dfrac{w}{h} + 1,393 + 0,667 \ln\left(1,444 + \dfrac{w}{h}\right)} = 50,28082 \ \Omega$$

Se ve nuevamente que se ha utilizado el ancho w, sin corregir, y que la impedancia calculada es notablemente próxima al valor que se quería lograr, corroborando la exactitud de los cálculos.

3.4.3. Comparación de ambos métodos

De los cálculos anteriores, se deduce que todos los resultados obtenidos con ambos métodos son muy similares entre sí, e incluso algunos son exactamente iguales en uno y otro método. Esto es lógico si se piensa que los dos métodos sólo difieren en pequeñas correcciones empíricas en las ecuaciones, lo cual se refleja en los coeficientes de algunas de sus fórmulas.

Con el objeto de mostrar las pequeñas diferencias que se dan entre los metodos de Wheeler y Hammerstad, en la Tabla 3.2 se resumen los resultados de ambos procedimientos para los ejemplos anteriores.

En este ejemplo se han utilizado cinco decimales en todos los valores solamente con el fin de mostrar algunas mínimas diferencias numéricas entre ambos métodos, pero normalmente no se requieren tantos decimales al momento de realizar los diseños. No obstante, estos cálculos normalmente se realizan utilizando algún método computacional, donde se pueden utilizar todos los decimales que se deseen en los cálculos intermedios y realizar el redondeo en el valor final.

Tabla 3.2: Comparación entre resultados de ambos métodos.

Ecuación	Wheeler	Hammerstad
A	1,15947	1,15909
B	7,98509	7,98509
$w/h \leq 2$	3,12387	3,12561
$w/h \geq 2$	3,07167	3,08117
w	4,82252	4,83744
w_e	4,90433	4,91925
ε'_r	1,87268	1,87120
Z_0	49,85556	50,28082

Observar que al realizar las comprobación de los cálculos con las ecuaciones de análisis se utiliza el ancho w y no el ancho efectivo w_e, lo cual produce una diferencia despreciable en el valor de la impedancia característica. Además, en muchos casos no se realiza la corrección por espesor del cobre, por lo que el valor medido en la microtira sería directamente el ancho w.

3.5. Microtira como Elemento de Circuito

Como ya hemos visto, la microtira es simplemente un medio para guiar ondas, con sus particularidades, conformada por dos conductores separados por un dieléctrico (sistema de dos conductores), por lo que se puede aplicar la teoría de líneas de transmisión en cualquier circuito o sistema que involucre microtira como elemento de circuito, tanto para análisis como para diseño. Toda la teoría de campo electromagnético, conceptos de medios de transmisión y técnicas de adaptación de impedancia y síntesis de elementos pasivos pueden ser aplicados al caso de microtira. En el Capítulo 2 se ha visto ya una breve revisión de los conceptos relacionados a líneas de transmisión, y en la bibliografía se indican varios textos que pueden ser consultados para mayores detalles [5][6][7][8].

De la misma forma que en la teoría de líneas de transmisión usualmente se estudia la adaptación de impedancias mediante la conexión en paralelo de tramos de cable coaxial (*stubs*), también se pueden implementar estas técnica con microtira, tal como se muestra gráficamente en la Figura 3.5. Allí, en

3.5. Microtira como Elemento de Circuito

la parte superior se muestra un diagrama esquemático de una adaptación de impedancia realizada con un stub a circuito abierto (C.A.) conectado en paralelo con la línea. En la parte inferior de la figura se muestra una posible implementación práctica con microtira en una placa de circuito impreso, donde las partes sombreadas son las pistas de cobre que forman la microtira. Se pueden observar la distancia del stub a la carga (l_1), el largo del stub (l_2) y el ancho de la microtira (W). Generalmente, ese tramo de microtira representa un capacitor, pero puede representar cualquier elemento pasivo.

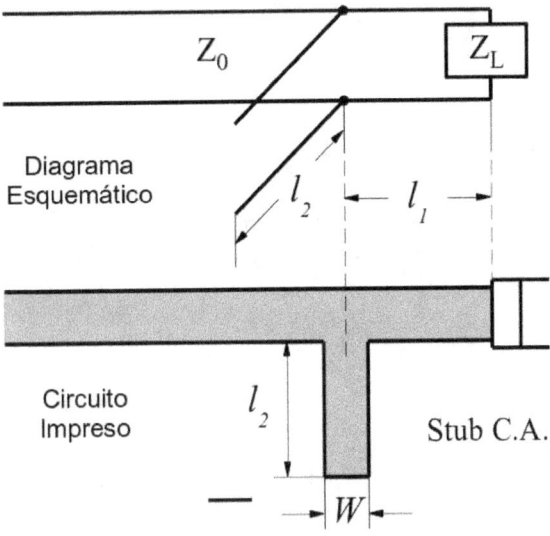

Figura 3.5: Stub implementado con microtira.

Todas las técnicas de adaptación de impedancias y síntesis de elementos pasivos se pueden aplicar directamente a las microtiras, y así diseñar y construir circuitos pasivos con elementos distribuidos. La conformación de redes pasivas mediante líneas de microtira en la misma placa de circuito impreso constituye una técnica muy eficiente, versátil y confiable. Veremos aquí un resumen de la metodología general de esta técnica, que básicamente consiste en aplicar los conceptos de líneas de transmisión al caso particular de microtiras.

En el Capítulo 2 vimos que todo tramo de línea de transmisión en un circuito de radiofrecuencias puede representarse en forma simplificada por un sistema como el mostrado en la Figura 3.6, donde se observa una fuente de tensión senoidal V_S de impedancia Z_S, entregando energía a una carga Z_L a través de un tramo de línea de longitud l e impedancia característica Z_0. En nuestro caso, esta línea de transmisión es un tramo de microtira.

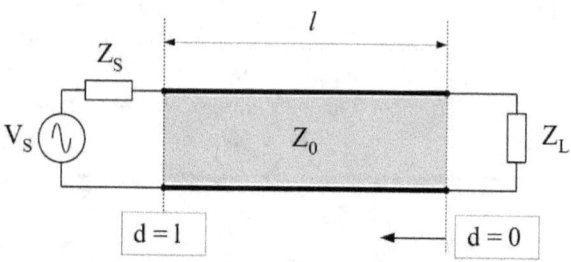

Figura 3.6: Microtira como elemento de circuito.

Según se vio en el Capítulo 2, si se toma como referencia la carga (origen) y la variable d como la distancia a la misma, la impedancia de onda en cualquier punto de la línea separado una distancia d de la carga está dada por:

$$Z(d) = Z_0 \frac{Z_L + jZ_0 \tan(\beta d)}{Z_0 + jZ_L \tan(\beta d)} \qquad (3.20)$$

donde $\beta = 2\pi/\lambda$ es la constante de fase (se supone línea sin pérdidas), que depende de la frecuencia de trabajo.

Supongamos que ya se ha calculado el ancho W_e de la microtira para que presente la impedancia característica deseada Z_0. Dependiendo de la condición de carga Z_L, y de acuerdo a la distancia d donde se mida $Z(d)$, se obtendrán distintos tipos y valores de impedancias. Así, en el extremo opuesto a la carga, se verifica $d = l$, y la impedancia en ese punto está dada por:

$$Z(l) = Z_0 \frac{Z_L + jZ_0 \tan(\beta l)}{Z_0 + jZ_L \tan(\beta l)} \qquad (3.21)$$

Esto muestra que variando la condición de carga Z_L y el largo l de la microtira, se pueden obtener distintos tipos y valores de impedancia en el extremo opuesto a la carga. Efectivamente, se pueden diseñar tramos de microtiras que se comporten como elementos pasivos: resistencias, capacitores e inductores. El concepto es exactamente el mismo que el usado en los adaptadores de impedancias con tramos de cable coaxial [5][6][7][8].

Entonces, para una frecuencia de trabajo determinada, y teniendo fijada la impedancia características Z_0 (según el ancho de la microtira), modificando

3.5. Microtira como Elemento de Circuito

la condición de carga Z_L y la longitud l del tramo de micrsotrip se pueden sintetizar distintos elementos pasivos, de acuerdo a requerimientos de diseño. Nuevamente, interesan particularmente tres condiciones de carga, es decir, tres valores de Z_L: igual a la impedancia característica de la línea, circuito abierto (CA) y cortocircuito (CC). De acuerdo al valor de Z_L, se obtienen ecuaciones simplificadas de $Z(l)$:

Impedancia Característica (Zo)

$$Z_L = Z_0 \;\Rightarrow\; Z(l) = Z_0 \tag{3.22}$$

Circuito Abierto (CA)

$$Z_L = \infty \;\Rightarrow\; Z(l) = Z_{CA} = -jZ_0 \cot(\beta l) \tag{3.23}$$

Corto Circuito (CC)

$$Z_L = 0 \;\Rightarrow\; Z(l) = Z_{CC} = jZ_0 \tan(\beta l) \tag{3.24}$$

En estas ecuaciones, conociendo la impedancia característica de la línea (Z_0) y la constante de propagación (β), se puede calcular la longitud l que debe tener el tramo de microtira para representar una impedancia $Z(l)$. En el primer caso, y como ya se ha visto, si $Z_L = Z_0$, existe adaptación total en cualquier punto de la línea, sin importar la distancia, se mide el mismo valor de la impedancia Z_0. En los otros dos casos, circuito abierto y cortocircuito resultan ecuaciones reducidas idénticas a las vistas en el capítulo de líneas de transmisión. La variación de la impedancia en una microtira según su condición de carga y longitud responde a las mismas leyes generales aplicables a cualquier línea de transmisión, explicadas ya mediante las figuras 2.5 y 2.6.

A modo de ejemplo, y con motivo de mostrar la metodología de diseño, veremos a continuación dos casos de síntesis de componentes pasivos con tramos de microtira: un capacitor y un inductor. En ambos casos se supone que se trabaja con la microtira diseñada en el ejemplo del apartado 3.4, cuyos parámetros son: $Z_0 = 50\ \Omega$, $W_e = 4,9$ mm, $\varepsilon'_r = 1,87$. En estos ejemplos de diseño se trabaja en forma analítica, pero también pueden ser resueltos en forma gráfica utilizando la Carta de Smith, de la misma forma que en otros tipos de líneas de transmisión.

3.5.1. Síntesis de Reactancia Capacitiva: tramo en C.A.

Supongase que se desea sintetizar una reactancia capacitiva equivalente a la generada por un capacitor de 10 pF a una frecuencia de 1000 MHz. Según lo visto en el capítulo referido a líneas de transmisión, y de acuerdo a la gráfica mostrada en la Figura 2.5, un tramo de línea con un extremo en circuito abierto (C.A.) presenta una reactancia capacitiva hasta una distancia igual a un cuarto de la longitud de onda hacia el generador, por lo tanto conviene que el tramo de microtira presente circuito abierto en su extremo de carga, dado que de esta forma se logra la impedancia deseada con la menor longitud posible. Suponiendo que se utiliza la microtira ya diseñada en secciones anteriores, las condiciones de diseño son: $C = 10$ pF, $f_0 = 1000$ MHz, $Z_0 = 50\ \Omega$, $\varepsilon_r' = 1,87$.

Partiendo de la frecuencia de trabajo, se calcula la longitud de onda correspondiente en el vacío:

$$f_0 = 1000 \text{ MHz} \ \Rightarrow \ \lambda_0 = \frac{300}{f_0[\text{MHz}]} = 0,3 \text{ m}$$

Afectando este resultado de la permitividad eléctrica efectiva en el dieléctrico del material, se calcula la longitud de onda efectiva en la microtira:

$$\lambda' = \frac{\lambda_0}{\sqrt{\varepsilon_r'}} = 0,2194 \text{ m}$$

La constante de fase se calcula por:

$$\beta = \frac{2\pi}{\lambda'} = 28,6380 \text{ rad/m}$$

La impedancia que presentará el tramo de microtira será una reactancia capacitiva pura dada por:

$$X_C = \frac{1}{2\pi f_0 C} = 15,9155 \ \Omega$$

Como el extremo de carga está en circuito abierto, esta reactancia vista en el extremo opuesto está dada por la ecuación reducida (3.23):

$$X_C = Z(l) = -jZ_0 \cot(\beta l)$$

Se conocen la reactancia X_C, la impedancia característica Z_0 y la constante de fase β, por lo tanto se puede despejar la longitud l. Considerando que $cotg(x) = 1/tg(x)$, trabajando en radianes, y tomando solamente el módulo

3.5. Microtira como Elemento de Circuito

(ya se conoce la fase, correspondiente a una reactancia capacitiva), se calcula la distancia l en metros:

$$l = \frac{1}{\beta} \tan^{-1}(Z_0/X_C)$$

$$l = 0,0441 \text{ m} = 4,41 \text{ cm}$$

Así, una microtira de 4,4 cm de largo y 4,9 mm de ancho, construida sobre la placa cuya permitividad efectiva es de 1,87, y a una frecuencia de trabajo de 1000 MHz, se comportará como un capacitor de 10 pF.

3.5.2. Síntesis Reactancia Inductiva: tramo en C.C.

Supongamos ahora que se desea sintetizar una reactancia inductiva equivalente a la presentada por un inductor de 10 nH a una frecuencia de 1000 MHz, y como en el caso anterior, con la misma microtira ya diseñada. De acuerdo a la gráfica mostrada en la Figura 2.6, en este caso conviene que el tramo de microtira presente corto circuito (C.C.) como carga, puesto que así se logra una reactancia inductiva con la menor longitud posible. Las condiciones de diseño son: $L = 10$ nH, $f_0 = 1000$ MHz, $Z_0 = 50 \, \Omega$, $\varepsilon_r' = 1,87$.

Como se trabaja con el mismo material y la misma frecuencia que en el caso anterior, se repiten la longitud de onda y la constante de fase:

$$f_0 = 1000 \text{ MHz} \ \Rightarrow \ \lambda_0 = \frac{300}{f_0 [\text{MHz}]} = 0,3 \text{ m}$$

$$\lambda' = \frac{\lambda_0}{\sqrt{\varepsilon_r'}} = 0,2194$$

$$\beta = \frac{2\pi}{\lambda'} = 28,6380 \text{ rad/m}$$

La impedancia del tramo de microtira será una reactancia inductiva pura:

$$X_L = 2\pi f_0 L = 62,8319 \, \Omega$$

La reactancia inductiva vista en el extremo opuesto al cortocircuito viene dada por la ecuación reducida (3.24):

$$X_L = Z(l) = jZ_0 tg(\beta l)$$

Puesto que se conocen la reactancia X_L, la impedancia característica Z_0 y la constante de fase β, trabajando en radianes y tomando solamente el módulo (ya se conoce la fase, correspondiente a una reactancia inductiva), se despeja la longitud l buscada, en metros:

$$l = \frac{1}{\beta} \tan^{-1}(X_L/Z_0)$$

$$l = 0,0314 \text{ m} = 3,14 \text{ cm}$$

Una microtira de 3,1 cm de largo y 4,9 mm de ancho, construida sobre la placa cuya permitividad efectiva es de 1,87, y a una frecuencia de trabajo de 1000 MHz, se comportará como un inductor de 10 nH.

En microondas, a veces no resulta sencillo realizar un cortocircuito, por la inductancia parásita que puede representar en frecuencias elevadas. Así, se suele recurrir a una técnica que surge de los conceptos explicados en el capítulo de líneas de transmisión. En la Figura 2.5, se observa que el primer cuarto de longitud de onda a partir del extremo en circuito abierto corresponde a una reactancia capacitiva, luego sigue un cortocircuito y luego sigue otro cuarto de longitud de onda correspondiente a una reactancia inductiva, y así sucesivamente. Por lo tanto, si se tiene un circuito abierto y se le agrega un tramo de un cuarto de longitud de onda se observará un cortocircuito, constituyendo esto una técnica muy utilizada en circuitos de microondas para obtener cortocircuitos de buena calidad.

Esto sugiere una técnica para sintetizar inductores sin tener que realizar un cortocircuito: a la longitud calculada para representar el inductor se le agrega un tramo de cuarto de longitud de onda y se deja el extremo abierto, logrando el mismo efecto. Obviamente, esta no es la longitud mínima y puede traer otros problemas, como aumentar las pérdidas o ser impracticable para el espacio disponible en la placa. La elección de una u otra forma dependerá de las requerimientos de diseño y las características del circuito buscado.

3.6. Curvas en Microtiras

Si por cualquier motivo, se hace necesario cambiar la dirección del trazado de la microtira, se cuenta con dos opciones: realizar una curva suficientemente suave como para que no se alteren las propiedades de la línea de transmisión, o bien realizar un cambio brusco de dirección, es decir un "quiebre". La primera solución no requiere consideraciones adicionales en el diseño de la microtira, pero consume demasiado espacio en la placa, y muchas veces es impracticable. Generalmente se opta por la segunda opción, realizando curvas abruptas, lo cual requiere un ajuste en el diseño de la línea, pues de lo contrario se afectan sus características electromagnéticas.

En efecto, si la microtira presenta un quiebre (en ángulo recto por ejemplo) se produce un exceso de material en el lugar en que se unen ambos brazos de la curva (esto constituye una capacitancia parásita a masa), provocando que en ese punto aumente el ancho de la línea, lo cual altera la impedancia característica de la misma, provocando un cambio de impedancia, desadaptación y reflexión de ondas. En otras palabras, un quiebre en una microtira representa una discontinuidad, como cualquier cambio de medio en cualquier línea de transmisión.

Para corregir este efecto deberíamos conocer exactamente el valor de esa capacitancia que produce el exceso de material y en base a ella diseñar nuevamente la microtira, pero esto es un procedimiento complejo y difícil de realizar. Resulta más sencillo y práctico quitar ese exceso de material mediante cortes en la curva de la microtira de manera que se conserven sus propiedades, solo se debe conocer cuánto material quitar, y en qué sentido realizar el corte. Esto ha sido estudiado en forma analítica y experimental, desarrollándose diversas técnicas para la compensación de la discontinuidad mediante la quita de parte del material de cobre de la microtira en el punto de quiebre [11][12][14].

En la Figura 3.7 se muestra una de las formas más utilizadas para realizar los cortes en una curva en ángulo recto. Otras técnicas pueden hallarse en la bibliografía relacionada[3].

3.7. Consideraciones Prácticas

Las ecuaciones de Wheeler y Hammerstad que se han visto, útiles para aplicaciones prácticas, se basan en modelos cuasi estáticos, debido a que el modo de transmisión es cuasi-TEM. El modelo permanece válido y exacto hasta un determinado rango de frecuencias, que es la porción más baja de las microondas. Si se trabaja en frecuencias demasiado altas, el modo de transmisión se diferencia mucho de un modo TEM, el modelo cuasi estático pierde exactitud, y las ecuaciones vistas incrementan su error. Si se va a trabajar en frecuencias muy elevadas es conveniente revisar la bibliografía relacionada y constatar la validez del modelo en el rango de trabajo. Incluso se han desarrollado ecuaciones para estimar el grado de dispersión que tendrán las ecuaciones según la frecuencia de trabajo y parámetros de la microtira [10]. No obstante, las ecuaciones vistas son perfectamente válidas para la gran mayoría

---

[3]En [12] se presenta un estudio detallado, analítico y experimental de curvas en microtiras y otros tipos de discontinuidades no estudiadas en este texto, como juntas T y cambio de ancho.

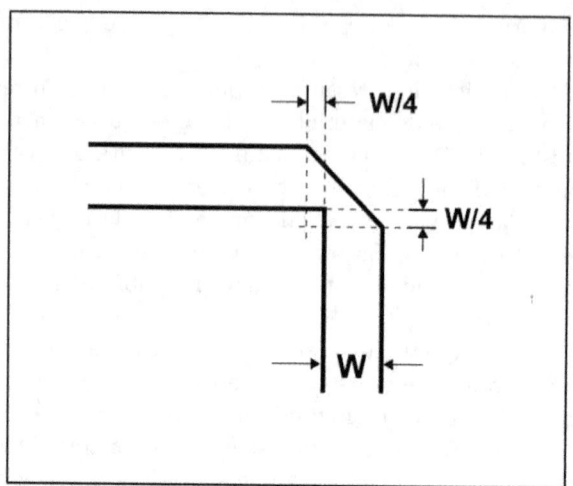

Figura 3.7: Cortes en una curva en ángulo recto.

de las aplicaciones prácticas para las cuales está pensado el presente texto: amplificadores de baja señal en frecuencias ubicadas entre 1 y 5 GHz aproximadamente. Incluso se han reportado trabajos en que se muestra que estos modelos permanecen muy exactos en frecuencias superiores a 10 GHz. En caso que estos modelos no fueran válidos para el rango de frecuencias de trabajo, se deberá buscar otro modelo, que seguramente estará basado en Wheeler y Hammerstad, pero realizará las correcciones apropiadas.

Otros aspectos que limitan el uso de las microtiras en los circuitos de microondas son las pérdidas, tanto en el cobre como en el dieléctrico, que están relacionadas al material sobre el cual se construyen, y la potencia a ser transmitida. Estos aspectos escapan a los alcances del presente texto, puesto que rara vez interfieren en las aplicaciones de baja señal. Se puede consultar la bibliografía relacionada, donde incluso se pueden encontrar varios trabajos donde se obtienen ecuaciones para el cálculo de las pérdidas.

3.7.1. Material FR4

Generalmente, los prototipos y placas de bajo costo que utilizan microtira en sus circuitos se construyen con material Flame Retardant Number 4 (FR4), un estándar de la industria muy popular y versátil para este tipo de circuitos, debido a su bajo costo y su utilización para producciones en masa donde las especificaciones no son tan rigurosas. El FR4 es un material compuesto por

3.7. Consideraciones Prácticas

tela de fibra de vidrio tejida con un aglutinante de resina epoxi resistente a la llama (autoextinguible), de acuerdo a la norma UL94 [11].

Existen muchas formas de laminación, cada una de ellas con distintos espesores de cobre y dieléctrico. El espesor de la lámina de cobre de las placas de material virgen suele especificarse en unidades de peso por pie cuadrado. Así, por ejemplo, los laminados de 1 y 2 onzas son muy populares, los cuales corresponden a espesores de cobre aproximados de 35 μm y 70 μm respectivamente. Los espesores más comunes de dieléctrico suelen ser de 1/32", 3/64" y 1/16", que corresponden aproximadamente a 0,8 mm, 1,2 mm y 1,6 mm respectivamente. La constante dieléctrica generalmente se ubica entre 4,2 y 4,7, pero ciertamente se registra mucha dispersión entre los distintos fabricantes e incluso entre los distintos laminados. Algunos estudios estadísticos han registrado variaciones entre $\pm 5\,\%$ y $\pm 10\,\%$. Generalmente se considera una constante dieléctrica nominal de 4,5 hasta frecuencias ubicadas entre 5 y 10 GHz [11]. Si se desea conocer exactamente la constante dieléctrica del material físico con que se cuenta para la construcción del prototipo, existen algunas técnicas para estimarla.

Las pérdidas del material son un aspecto importante a considerar. En el caso del FR4, a frecuencias de microondas, las pérdidas en el dieléctrico predominan sobre las del cobre, incrementándose con la frecuencia en forma aproximadamente lineal dentro de cierto rango. Algunos estudios estiman, para un laminado de 1,6 mm de altura en el dieléctrico, una pérdida aproximada de 0,5 dB por longitud de onda, hasta aproximadamente 5 GHz [11].

En general, el FR4 no es aconsejado para circuitos de alta precisión y especificaciones exigentes, pero resulta muy útil para prototipos o circuitos de bajo costo hasta frecuencias ubicadas aproximadamente entre 5 y 10 GHz, dependiendo de la aplicación, el laminado y la calidad misma del material. Si la aplicación excede estas características, debería emplearse otro material.

Capítulo 4

Modelo de Parámetros-S

En la actualidad, la simulación cumple un rol fundamental en el diseño y análisis de circuitos y sistemas de comunicaciones, dado el importante ahorro de tiempos y costos que se logra con ella. Así, los componentes y circuitos utilizados en RF y MW requieren ser modelados mediante alguna herramienta matemática que permita caracterizarlos, posibilitando prever el comportamiento que tendrán cuando formen parte de un circuito electrónico y facilitando el desarrollo de dichos circuitos.

Esto se pude llevar a cabo utilizando las ecuaciones exactas que describen la física de los componentes (semiconductores en alta frecuencia, por ejemplo), pero su excesiva complejidad, la necesidad de complicados desarrollos matemáticos y la dispersión en su fabricación, hacen ineficiente e innecesario tal grado de aproximación. Es decir, en la mayoría de los casos de diseño y análisis de circuitos de microondas, será suficiente la utilización de un modelo simple, que sea una buena aproximación dentro de límites perfectamente conocidos y con el error acotado.

Un modelo matemático, en términos muy generales, es básicamente una descripción matemática de algún fenómeno o proceso físico del mundo real, que permite solucionar eficientemente problemas de ingeniería, siendo actualmente una herramienta indispensable en el análisis y diseño de circuitos y sistemas de microondas. La metodología general que se sigue para resolver problemas de ingeniería mediante modelos matemáticos puede resumirse como se muestra en la Figura 4.1.

Dado un Problema del Mundo Real, como por ejemplo la necesidad de predecir la respuesta de un amplificador de microondas, se realiza una Abstracción del proceso físico y se obtiene una Formulación del Problema, formada por ecuaciones matemáticas generales que describen el problema en forma simbólica (símbolos matemáticos). Mediante Matemática Pura, y con las res-

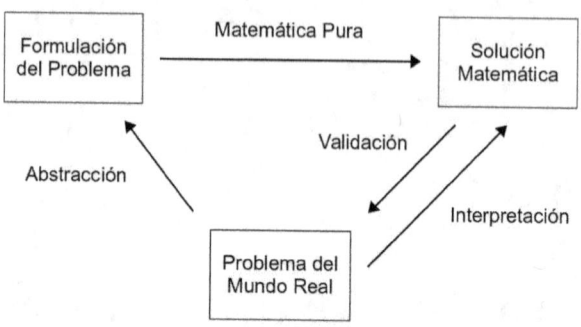

Figura 4.1: Modelos matemáticos.

tricciones y condiciones de contorno correspondientes, se obtiene una Solución Matemática particular a estas ecuaciones, es decir, se resuelve matemáticamente el problema. Luego, se aplica esta solución matemática al proceso físico real que se quiere describir, para verificar que efectivamente realiza tal descripción con la exactitud y precisión requerida. Una vez hecha la Validación de la solución matemática, esta puede ser utilizada para Interpretar el mundo real. La solución matemática obtenida y validada constituye el *Modelo Matemático* del fenómeno físico al cual describe, y donde reside el problema a resolver. Notar que el mundo real es el ámbito en el cual se origina el procedimiento y también donde se constata la validez de la solución propuesta.

La abstracción requiere determinar variables de entrada y salida del sistema, sus definiciones matemáticas formales, y en general implica definir restricciones dentro de las cuales es válida la solución encontrada, es decir, el rango de validez del modelo. Las expresiones obtenidas pueden ser en dominio del tiempo o de la frecuencia, determinísticas o estocástica, lineales o no lineales, e incluso pueden variar o no con el tiempo.

En nuestros días, los modelos matemáticos han adquirido una importancia fundamental en el análisis, diseño y desarrollo de circuitos y sistemas de microondas, particularmente en los amplificadores, dado que permiten su simulación, pudiendo así ser ensayados, evaluados, modificados y evolucionados en un entorno controlado, previo a su implementación física, con importantes ahorros de tiempos y costos. La confección de prototipos virtuales (virtual prototyping, CAD, CAE) se ha convertido actualmente en una etapa indispensable en el desarrollo de circuitos y sistemas de RF y MW.

Para que un ingeniero de desarrollo de circuitos de microondas llegue a realizar diseños basados en simulación, previamente se debe cumplir un proceso que responde básicamente al esquema de resolución de problemas de ingeniería indicado en la Figura 4.1. Dado un dispositivo físico, como un transistor de microondas por ejemplo, se lo caracteriza mediante algún medio apropiado (*extracción*), se realiza la abstracción y se obtiene un marco general sobre el cual se deducen soluciones particulares y prácticas (*modelado*). Una vez validadas, estas soluciones son incluidas en herramientas de software que imitan el mundo real (*simulación*), donde se pueden realizar predicciones e interpretaciones confiables del funcionamiento del dispositivo modelado. El conjunto de los 3 procedimientos mencionadas (medición, modelado y simulación) es lo que permite actualmente realizar diseños y análisis basados en simulación en forma confiable, exacta y precisa, y el marco general que sustenta todo este proceso es el *Modelo Matemático*, que como se vio, es una descripción matemática del fenómeno físico, validada en el mundo real.

Existen modelos matemáticos lineales de parámetros concentrados que permite modelar circuitos con suficiente exactitud, tales como los modelos de Impedancias (Z), Admitancias (Y) y de Parámetros Híbridos (h). Estos modelos resultan muy confiables y seguros, pero generalmente su validez se extiende hasta un cierto rango de frecuencias (generalmente bajas y medias) que depende de la aplicación. Cuando se trabaja a frecuencias suficientemente altas la aproximación que brindan tales modelos no es suficiente para describir correctamente el comportamiento de los circuitos, el error cometido es inaceptable y los modelos pierden validez. En otras palabras, los modelos matemáticos que describen adecuadamente el comportamiento en frecuencias bajas y medias, no lo pueden hacer en frecuencias altas. Esto se debe principalmente a que tales modelos están definidos en base a elementos concentrados, por lo que para calcular sus coeficientes (*Parámetros*) es necesario realizar mediciones de variables físicas del circuito (tensiones y corrientes), lo cual suele ser un proceso complicado si se trabaja en frecuencias elevadas.

Supongamos que para medir una determinada corriente se debe realizar un cortocircuito, el cual se lleva a cabo con una pista de material conductor o trozo de cable, cuya inductancia es de 16 pH. Esto no genera mayores inconvenientes en bajas frecuencias, pero si la corriente a medir tiene una frecuencia de 10 GHz, ese pequeño "cortocircuito" presenta una reactancia inductiva de 1 Ω, lo cual sería inaceptable para un cortocircuito en la mayoría de las aplicaciones. Cuando la frecuencias de trabajo es demasiado alta, se presentan fenómenos que no pueden ser descriptos por los modelos basados en elementos concentrados, se necesita otro paradigma: modelos de parámetros distribuidos.

En el caso particular de amplificadores de microondas de baja señal (y también de baja y media potencia), el modelo de Parámetros-S ha cumplido los requerimientos de altas frecuencias desde hace muchos años, con exactitud, precisión, confiabilidad y robustez, tal que se ha convertido en un estándar indiscutido en la industria. La medición de estos parámetros se realiza con un Analizador Vectorial de Redes (Vector Network Analyzer (VNA)), que es un instrumento muy evolucionado y confiable en nuestros días. El instrumento extrae los parámetros del elemento físico y los guarda en archivos que siguen la estructura del modelo, los cuales pueden ser introducidos fácilmente en las herramientas de simulación.

Los Parámetros-S son básicamente matrices de números complejos, fáciles de medir, repetibles y confiables, que describen características del elemento modelado sin conocerse su composición interna (caja negra), y no dependen de la señal de entrada (siempre que esta sea suficientemente pequeña). Es decir, actualmente los Parámetros-S son la infraestructura básica que brinda soporte para el proceso de medición-modelado-simulación de circuitos de microondas.

Debe aclararse que no obstante todas estas cualidades, el modelo de Parámetros S solamente es aplicable en casos donde se cumple estrictamente el principio de superposición, es decir solamente se utilizan en circuitos y sistemas lineales, tales como filtros o amplificadores de pequeña señal. En los últimos años se han desarrollado algunos modelos que describen el comportamiento no lineal de circuitos de microondas, entre los cuales se destaca el de Parámetros-X, que básicamente son una generalización de los S, extendiendo su alcance al rango no lineal, pero aún no han alcanzado el grado de confiabilidad y popularidad que hoy tienen los Parámetros-S [26].

Antes de comenzar con el modelo de Parámetros-S en particular, haremos un muy breve repaso de los modelos de parámetros concentrados para redes de dos puertos (cuadripolos) más importantes.

4.1. Redes de 2 Puertos

Muchos circuitos prácticos contienen dos puertos, que pueden ser entradas y/o salidas, como amplificadores, tramos de líneas de transmisión, filtros, etc. Para este tipo de redes resulta muy beneficioso contar con modelos que describan el comportamiento de la red en términos de las características de sus terminales, como tensiones y corrientes, sin importar la composición o funcionamiento interno de la red (caja negra). La enorme importancia y versatilidad de este tipo de modelos reside justamente en el hecho que no se necesita conocer la estructura interna de la red, ni su operación, ni las ecuaciones matemáticas que describen su funcionamiento exacto, que muchas veces resultan complejas y requieren demasiados recursos computacionales para ser procesadas.

Supongamos un circuito con dos puertos (cuatro terminales), como por ejemplo un amplificador o un filtro, que puede ser representado por una caja

4.1. Redes de 2 Puertos

con cuatro puntos de conexión (cuadripolo), con un Puerto de Entrada (Puerto 1) y un Puerto de Salida (Puerto 2), como se muestra en la Figura 4.2.

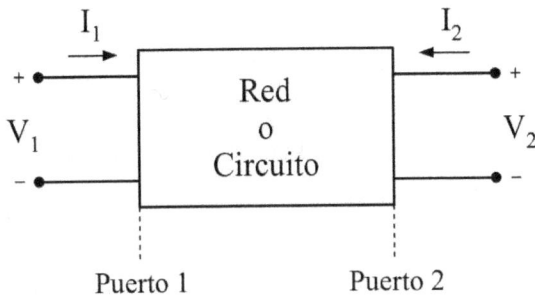

Figura 4.2: Red de 2 Puertos (cuadripolo).

La red o cuadripolo tiene dos puntos de acceso en forma de pares de terminales, que constituyen los puertos de la misma. Si la corriente es entrante se considera positiva y si es saliente se considera negativa (por convención). A su vez, en cada puerto se desarrolla una tensión entre los dos terminales que lo forman [27] [28] [29].

Quedan así definidas las cuatro variables que caracterizan la red de dos puertos:

$$V_1 = \text{Tensión a los bornes del Puerto 1}$$
$$V_2 = \text{Tensión a los bornes del Puerto 2}$$
$$I_1 = \text{Corriente entrante en el Puerto 1}$$
$$I_2 = \text{Corriente entrante en el Puerto 2}$$

Dependiendo de la red en estudio, cada puerto puede ser sólo de entrada o sólo de salida, o bien puede ser de entrada-salida. Por ejemplo, en un amplificador el Puerto 1 es un puerto de entrada y el Puerto 2 es un puerto de salida, mientras que en un filtro pasivo simétrico (red π por ejemplo) ambos puertos pueden ser entradas o salidas.

Suponiendo que la red es lineal, se tienen cuatro variables, de las cuales dos son independientes (entradas) y dos son dependientes (salidas). Es decir, se pueden seleccionar dos variables independientes y las variables restantes quedan como variables dependientes. Las primeras son las entradas y las segundas son las salidas. Para seleccionar dos variables independientes hay seis combinaciones posibles, cada una de ellas da origen a un modelo distinto de parámetros concentrados. En la Tabla 4.1 se resumen las seis combinaciones y el modelo relacionado a cada una de ellas [28][29].

Tabla 4.1: Modelos de parámetros concentrados.

Variables Independientes	Variables Dependientes	Modelo de
ENTRADAS	SALIDAS	PARÁMETROS
I_1, I_2	V_1, V_2	Impedancias Z
V_1, V_2	I_1, I_2	Admitancias Y
I_1, V_2	V_1, I_2	Híbridos h
V_1, I_2	I_1, V_2	Híbridos Inversos g
V_2, I_2	V_1, I_1	Transmisión T
V_1, I_1	V_2, I_2	Transmisión Inversa T'

A continuación ser verá una breve revisión de los tres primeros modelos: parámetros de impedancias (Z), de admitancias (Y) e híbridos (h), que son los más utilizados, especialmente en amplificadores de bajas y medias frecuencias para sistemas de comunicaciones.

4.1.1. Modelo de Parámetros de Impedancias (Z)

Considerando como variables independientes (entradas) las corrientes en los puertos 1 y 2, I_1 e I_2 respectivamente, las tensiones en los puertos son las variables dependientes (salidas), que pueden ser calculadas mediante el siguiente sistema de ecuaciones lineales [28] [29] [30] :

$$V_1 = Z_{11}I_1 + Z_{12}I_2$$
$$V_2 = Z_{21}I_1 + Z_{22}I_2$$

$$(4.1)$$

Si la red es lineal en todo su rango de operación, las ecuaciones (4.1) describen perfectamente el comportamiento de la misma sin conocer su estructura interna ni su funcionamiento. Los coeficientes de las ecuaciones lineales son valores de impedancias (multiplican a las corrientes para obtener tensiones) que constituyen los coeficientes o parámetros del modelo, y reciben el nombre de *Parámetros Z*. Veamos cómo se calculan y cuál es el significado de cada uno de los parámetros o coeficientes del modelo.

4.1. Redes de 2 Puertos

Supongamos que en el Puerto 1 se conecta una fuente de corriente ideal de valor I_1 y el Puerto 2 se deja a circuito abierto, como si se colocara una impedancia de carga de valor infinito, tal como se muestra en la Figura 4.3.

La fuente de señal que excita la red fuerza la corriente entrante en el Puerto 1 al valor conocido I_1 (el valor de la fuente de corriente) y provoca que se desarrolle la tensión V_1 en los terminales del Puerto 1. Así mismo, y por el propio funcionamiento de la red, también aparece la tensión V_2 en el Puerto 2, aunque en esos terminales no circule corriente. Al estar el Puerto 2 en circuito abierto, la corriente en ese puerto es nula.

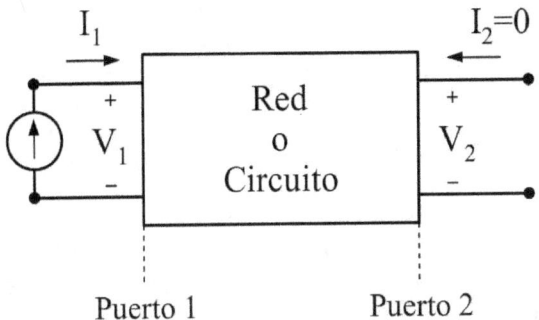

Figura 4.3: Red de 2 Puertos con Puerto 2 en Circuito Abierto.

Así, dado que se verifica $I_2 = 0$, se anulan los términos que contienen I_2 en las ecuaciones (4.1), por lo tanto se pueden calcular los coeficientes Z_{11} y Z_{21} de la siguiente forma:

$$Z_{11} = \left. \frac{V_1}{I_1} \right|_{I_2=0} \tag{4.2}$$

$$Z_{21} = \left. \frac{V_2}{I_1} \right|_{I_2=0} \tag{4.3}$$

Se observa que estas ecuaciones sugieren también la forma de medir, en forma indirecta, los Parámetros Z en un circuito físico real. La corriente I_1 es conocida ya que corresponde a la fuente de excitación, y las tensiones V_1 y V_2 se pueden medir luego de dejar el Puerto 2 a circuito abierto. Se realizan los cocientes de las ecuaciones (4.2) y (4.3) y se obtienen los parámetros buscados.

Ahora se realiza el mismo procedimiento pero invirtiendo la posición de la fuente de excitación y el circuito abierto, como se muestra en la Figura 4.4. Allí vemos que ahora la fuente de corriente excita la red desde el Puerto 2 forzando la corriente en el mismo al valor I_2 y el Puerto 1 se deja a circuito abierto, forzando a $I_1 = 0$.

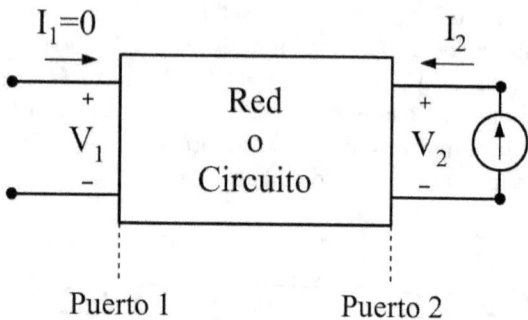

Figura 4.4: Red de 2 Puertos con Puerto 1 en Circuito Abierto.

En estas condiciones se anulan los términos que contienen I_1 en las ecuaciones (4.1), el valor de I_2 es conocido puesto que pertenece a la fuente de excitación y las tensiones V_1 y V_2 se pueden medir a los bornes de la red, por lo que se pueden calcular y/o medir los coeficientes Z_{12} y Z_{22}:

$$Z_{12} = \left. \frac{V_1}{I_2} \right|_{I_1=0} \tag{4.4}$$

$$Z_{22} = \left. \frac{V_2}{I_2} \right|_{I_1=0} \tag{4.5}$$

Los Parámetros Z_{11}, Z_{12}, Z_{21} y Z_{22} describen el comportamiento de la red con gran exactitud y basta con conocer sus valores para poder conocer la respuesta de la red en función de una determinada entrada, siempre que se mantenga la operación en región lineal. Dado que los Parámetros Z son básicamente impedancias que relacionan tensiones y corrientes del circuito, se han establecido los siguientes nombres para cada uno de ellos:

Z_{11} = Impedancia de Entrada con Salida en Circuito Abierto.
Z_{12} = Impedancia de Transferencia Inversa.
Z_{21} = Impedancia de Transferencia Directa.
Z_{22} = Impedancia de Salida con Entrada en Circuito Abierto.

Observar que el método empleado se basa en el principio de superposición. Se anula la variable independiente I_2, se miden las dependientes V_1 y V_2 y se

4.1. Redes de 2 Puertos

calculan los coeficientes Z_{11} y Z_{21}, luego se anula la variable independiente I_1, se miden nuevamente las dependientes V_1 y V_2 y se calculan los coeficientes Z_{12} y Z_{22}, y la solución final resulta de sumar las dos soluciones parciales. Por este motivo, el modelo es aplicable solamente a sistemas estrictamente lineales.

El mismo procedimiento de medición de los cuatro Parámetros Z se repite para distintas frecuencias y valores de corrientes, obteniendo un conjunto de datos que describe el comportamiento del circuito en un rango determinado de operación. Ahora veremos un modelo similar pero en términos de admitancias.

4.1.2. Modelo de Parámetros de Admitancias (Y)

El modelo de Admitancias es similar al de Impedancias, solo que toma como variables independientes (entradas) las tensiones V_1 y V_2, como variables dependientes (salidas) las corrientes I_1 e I_2, y los coeficientes del modelo son básicamente Admitancias, ya que multiplican a tensiones para obtener corrientes. Además, como veremos, las condiciones de carga para la medición de los coeficientes son cortocircuitos en vez de circuitos abiertos [28][29][30].

El funcionamiento del cuadripolo de la Figura 4.2 puede ser descripto por el siguiente par de ecuaciones lineales:

$$\begin{aligned} I_1 &= Y_{11}V_1 + Y_{12}V_2 \\ I_2 &= Y_{21}V_1 + Y_{22}V_2 \end{aligned} \tag{4.6}$$

Procediendo en forma análoga al caso anterior, se coloca una fuente de señal conocida que excita el Puerto 1 de la red, pero en este caso es una fuente de tensión ideal de valor V_1, como se observa en la Figura 4.5. Por el cortocircuito en el Puerto 2 se anula la tensión allí, $V_2 = 0$, y se anulan los términos que contienen V_2 en las ecuaciones (4.6).

En estas condiciones, y midiendo las corrientes I_1 e I_2, se pueden calcular los parámetros Y_{11} e Y_{21}:

$$Y_{11} = \left. \frac{I_1}{V_1} \right|_{V_2=0} \tag{4.7}$$

$$Y_{21} = \left. \frac{I_2}{V_1} \right|_{V_2=0} \tag{4.8}$$

Ahora se invierte la posición de la fuente de tensión y el cortocircuito: se aplica la tensión conocida en el Puerto 2 y se cortocircuita el Puerto 1, con lo cual se anula la tensión en este, $V_1 = 0$, tal como se ve en la Figura 4.6.

Midiendo nuevamente las corrientes I_1 e I_2, se pueden calcular los parámetros Y_{12} e Y_{22}:

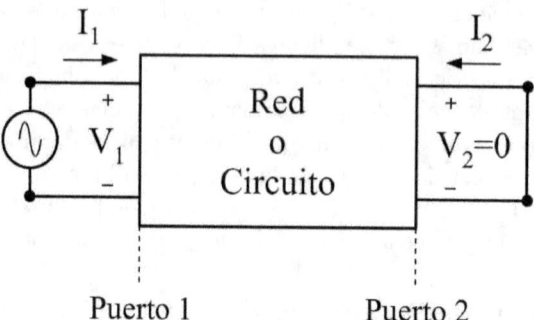

Figura 4.5: Red de 2 Puertos con Puerto 2 en Cortocircuito.

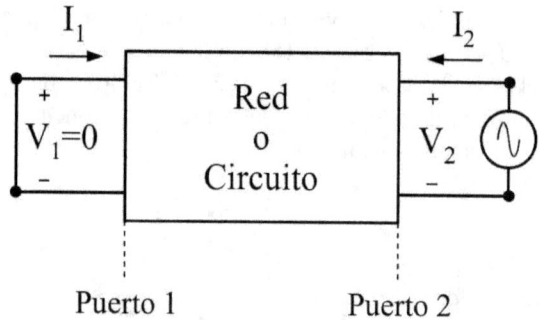

Figura 4.6: Red de 2 Puertos con Puerto 1 en Cortocircuito.

$$Y_{12} = \left.\frac{I_1}{V_2}\right|_{V_1=0} \tag{4.9}$$

$$Y_{22} = \left.\frac{I_2}{V_2}\right|_{V_1=0} \tag{4.10}$$

También aquí se asigna un nombre específico a cada uno de los parámetros de admitancias:

Y_{11} = Admitancia de Entrada con Salida en Cortocircuito.
Y_{12} = Admitancia de Transferencia Inversa.
Y_{21} = Admitancia de Transferencia Directa.
Y_{22} = Admitancia de Salida con Entrada en Cortocircuito.

4.1. Redes de 2 Puertos

De la misma forma que en el modelo de impedancias, también aquí se ha utilizado el principio de superposición: se han anulado sucesivamente las variables independientes, se miden las dependientes y se obtienen los coeficientes del modelo en cada caso, para luego sumar las soluciones parciales y obtener la solución final, con lo cual el modelo es aplicable solamente a casos lineales.

Nuevamente, como en el caso de las impedancias, el modelo se completa repitiendo el mismo procedimiento para distintas frecuencias y condiciones de operación (tensión de excitación) y obteniendo un set de parámetros que describen el comportamiento de la red en condiciones de operación lineal.

4.1.3. Modelo de Parámetros Híbridos (h)

Tal como su nombre lo indica, es un híbrido entre los dos modelos anteriores, dado que contiene parámetros de impedancias, admitancias y también de ganancias, como veremos a continuación.

En este caso las variables independientes son I_1 y V_2 y las dependientes V_1 e I_2, y el sistema de ecuaciones que describe a la red en estudio es [31]:

$$\begin{aligned} V_1 &= h_{11}I_1 + h_{12}V_2 \\ I_2 &= h_{21}I_1 + h_{22}V_2 \end{aligned} \tag{4.11}$$

Anulando sucesivamente las entradas y midiendo las salidas, se obtienen cada uno de los parámetros del modelo:

$$h_{11} = \left.\frac{V_1}{I_1}\right|_{V_2=0} \tag{4.12}$$

$$h_{21} = \left.\frac{I_2}{I_1}\right|_{V_2=0} \tag{4.13}$$

$$h_{12} = \left.\frac{V_1}{V_2}\right|_{I_1=0} \tag{4.14}$$

$$h_{22} = \left.\frac{I_2}{V_2}\right|_{I_1=0} \tag{4.15}$$

y sus designaciones:

h_{11} = Impedancia de Entrada en Cortocircuito
h_{21} = Ganancia de Corriente Directa en Cortocircuito
h_{12} = Ganancia de Tensión Inversa en Circuito Abierto
h_{22} = Admitancia de Salida en Circuito Abierto

EL modelo combina las principales características de los dos anteriores y se utiliza mucho en circuitos lineales equivalentes de transistores en bajas frecuencias.

4.1.4. Modelos en Altas Frecuencias

Los modelos explicados hasta aquí son una poderosa herramienta matemática para el diseño y análisis de circuitos, debido a su sencillez, exactitud, confiabilidad y versatilidad. Incluso se han desarrollado ecuaciones que relacionan los distintos modelos, de forma tal que partiendo de los parámetros de un modelo se pueden calcular los parámetros de otro modelo [27][28].

Los Parámetros-Z se utilizan, por ejemplo, para modelar filtros y circuitos de acoplamiento de elementos concentrados, o para describir el comportamiento de un par de antenas acopladas [32][5]. Los Parámetros-Y suelen utilizarse para modelar el elemento activo en amplificadores de HF o VHF, y los Parámetros-h encuentran su principal aplicación en el modelado de transistores bipolares en amplificadores de señal débil [31][33]. Son modelos sencillos y fáciles de comprender, muy útiles en bajas y medias frecuencias, y en aplicaciones basadas en elementos concentrados.

En todos los casos vistos, el cálculo de sus parámetros se realiza en base a mediciones de tensiones y corrientes, y condiciones de carga en circuito abierto y cortocircuito, lo cual es muy sencillo de realizar en bajas y medias frecuencias pero en frecuencias elevadas suele ser un procedimiento complicado. Los modelos anteriores son perfectamente aplicables siempre que sea factible realizar cortocircuitos o circuitos abiertos en los puertos de la red en estudio, y esto se verifica en frecuencias bajas, hasta aproximadamente algunos centenares de MHz (el límite no es tan taxativo). Pero cuando se trabaja en frecuencias suficientemente elevadas, como son la RF/MW, los procesos necesarios para la medición de los parámetros descriptos anteriormente se vuelven más complejos y aumenta significativamente el error de las mediciones. En altas frecuencias no es sencillo realizar cortocircuitos eficaces ni medir tensiones y corrientes con la exactitud requerida. Si la frecuencia es suficientemente alta, la longitud de onda de la señal es comparable a las dimensiones físicas de los componentes, y además, las reactancias inductivas y capacitivas adquieren valores significativos, degradando considerablemente la calidad del cortocircuito o del circuito abierto.

El tramo de material conductor con el que se implementa un cortocircuito tiene un valor pequeño de inductancia, que en alta frecuencia puede presentar una reactancia inductiva considerable ($X_L = j\omega L$). De forma similar, un circuito abierto tiene un valor pequeño de capacidad, que a frecuencias altas

4.1. Redes de 2 Puertos

puede presentar una reactancia capacitiva considerable ($X_C = 1/j\omega C$). Todos estos efectos modifican notoriamente los valores medidos y por lo tanto el error cometido es excesivamente alto.

Por otro lado, en altas frecuencias los procedimientos para la medición de tensiones y corrientes son altamente complejos, entre otras razones, porque los instrumentos propios de la medición introducen modificaciones importantes en el circuito, pasan a formar parte de él y el circuito medido ya no es el original. Por esta razón las mediciones se realizan a través de métodos indirectos, lo que aumenta la incertidumbre de las mismas.

Por último, como las condiciones de cortocircuito y circuito abierto en las redes que incluyen elementos activos son tan inciertas, es más probable que se puedan generar condiciones de inestabilidad provocando oscilaciones.

Por todo esto, en la mayoría de las aplicaciones de radiofrecuencias y microondas los modelos de Parámetros-Z, Parámetros-Y y Parámetros-h pierden validez debido al excesivo error que introducen, invalidando su utilización ya que no representan fielmente el comportamiento real del circuito en estudio. Se requiere entonces otro modelo que contemple y elimine o atenúe los problemas mencionados: se necesita pasar de elementos concentrados a elementos distribuidos, o lo que es lo mismo de la Teoría de Circuitos a la Teoría de Campo Electromagnético [5][7]. Por ejemplo, se pueden medir flujos de potencia en vez de tensiones y corrientes, que es mucho más sencillo en radiofrecuencias. Los instrumentos utilizados para la medición de flujos de potencia direccional en RF/MW brindan mejor información sobre la red que se analiza, no provocan oscilaciones, y no necesita la implementación de cortocircuitos o circuitos abiertos para la señal. Se considera al circuito bajo estudio como un medio de transmisión guiado (elementos distribuidos), como si fuese una línea de transmisión.

El modelo más versátil, exacto, confiable y que mejor se adapta a este enfoque es el modelo de *Parámetros-S* o *Parámetros de Dispersión* (S de *scattering*, dispersión), formado por un conjunto de constantes complejas que son básicamente coeficientes de reflexión (entrada y salida) o transmisión (directa e inversa). Los Parámetros-S contemplan todos los fenómenos e inconvenientes que se presentan en altas frecuencias dado que son relaciones de ondas de potencia incidente y ondas de potencia reflejada sobre la entrada y la salida de la red, para lo cual se requiere medir estas potencias, y esto no exige colocar cortocircuitos o circuitos abiertos en los puertos de la red en estudio.

El modelo de Parámetros-S se ha convertido en un estándar de la industria de las comunicaciones en el análisis y diseño de circuitos de RF/MW, y especialmente en amplificadores de baja señal (lineales), razón por la cual se estudiará en detalle en la siguiente sección.

4.2. Modelo de Parámetros-S

A diferencia de los modelos vistos anteriormente, donde las mediciones se llevan a cabo realizando cortocircuitos o circuitos abiertos en los puertos del dispositivo, en este caso las mediciones se realizan cargando los puertos (entras y salida de la red) con la impedancia característica del sistema, lo cual en altas frecuencias resulta mucho más sencillo que realizar cortocircuitos o circuitos abiertos. Como veremos, esta acción elimina alguna de las variables permitiendo el cálculo de los parámetros de la misma forma que en los otros modelos vistos.

Cuando decimos "impedancia característG del sistema", cabría preguntarse si se trata de la impedancia característica del sistema de medición o del sistema ensayado. Puede ser cualquiera siempre que se logre la condición de adaptación de impedancias en el puerto considerado, para eliminar una de las variables independientes. En la gran mayoría de los casos de amplificadores de baja señal en microondas, el circuito a caracterizar y el sistema de medición tienen la misma impedancia característica de 50 Ω.

Cuando la frecuencia es suficientemente elevada, el modelo de Parámetros-S soluciona muchos de los inconvenientes presentados por otros modelos, y es el indicado para el diseño y caracterización de amplificadores de señal débil en RF/MW, pero su utilización no se circunscribe exclusivamente a estos sistemas, sino que pueden ser aplicados a cualquier red lineal en microondas.

Se verá que los Parámetros-S son un modelo del tipo caja negra en el dominio de la frecuencia, que permite completar las tres acciones involucradas en un proceso de diseño en microondas: medición, modelización y simulación. Se fabrican los dispositivos, se los mide y se extraen sus Parámetros-S, y con ellos se desarrollan modelos que permiten la simulación de los diseños, previo a su construcción.

Además, el hecho de ser un modelo de tipo caja negra o caja cerrada, permite que el diseño sea independiente de la tecnología utilizada. Así, por ejemplo, el mismo método de diseño presentado en esta publicación puede ser utilizada indistintamente con transistores bipolares (Bipolar Junction Transistor (BJT)) o de efecto de campo (Metal-Oxide Semiconductor Field-Effect Transistor (MOSFET)).

En lo que sigue, denominaremos Device Under Test (DUT) a la caja negra a modelar, considerando que puede representar una red pasiva (filtros, etc.) o una red activa operando en región lineal (amplificador clase A, etc.)

Ya se explicó anteriormente que al trabajar en frecuencias elevadas conviene describir las características eléctricas de los componentes y circuitos a modelar por medio de relaciones que indiquen los flujos de potencia, y considerándolos como elementos distribuidos. Este es justamente el objetivo y la función para los cuales fueron desarrollados los Parámetros-S. Para entender completamente la definición y sentido de estos parámetros, se estudiará primero la forma de medirlos, las magnitudes y los conceptos involucrados en esta operación. Para esto, se consideran los siguientes supuestos:

- La red o DUT tiene dos puertos (cuadripolo).

- Las líneas de transmisión no poseen pérdidas, es decir, las ondas se propagan por ella sin atenuarse, lo cual coincide con la mayoría de los casos prácticos en estas aplicaciones.

- El valor de impedancia característica Z_0 es constante a lo largo de la línea de transmisión (línea de transmisión uniforme), y siempre una cantidad real pura (50 Ω).

- Se toma como plano de referencia a la carga, donde la variable espacio (desplazamiento) d tiene su origen, y aumenta positivamente hacia el generador (Figura 4.7).

- El dispositivo bajo ensayo (DUT) es un transistor de microondas polarizado para que funcione en región lineal (podría ser cualquier dispositivo o red lineal de dos puertos).

- La señal de entrada a la red es suficientemente baja como para mantener a la misma en régimen lineal.

- Salvo que que se indique lo contrario, las impedancias de fuente, impedancias características e impedancias del sistema de medición son reales puras e iguales a 50 Ω.

4.2.1. Entradas y Salidas (*pseudowaves*)

Retomemos entonces el sistema (ya visto en el Capítulo 2) formado por un generador de impedancia Z_S conectado a una carga Z_L a través de un tramo de línea de transmisión sin pérdidas de impedancia característica Z_0, tal como se muestra en al Figura 4.7. Las impedancias de fuente y característica se suponen reales puras e iguales a 50 Ω. El sistema incluye elementos distribuidos, por lo cual debe ser tratado bajo la teoría de líneas de transmisión, que como sabemos se basa en la teoría de campo electromagnético.

El generador emite una señal que se traduce en una onda viajera hacia la carga (incidente), y de acuerdo al tipo y valor de esta, parte de la onda se transfiere (se disipa como calor en la componente resistiva) y parte se refleja

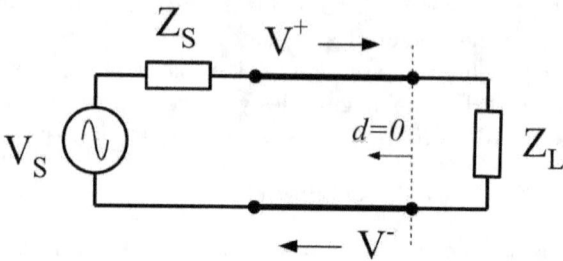

Figura 4.7: Línea de Transmisión en los amplificadores de microondas.

hacia el generador nuevamente (reflejada). Ubicando el origen de referencia de la variable desplazamiento d en la carga, y con dirección positiva hacia el generador, en cualquier punto de la línea de transmisión, a una distancia d de la carga, la onda total de voltaje está dada por la suma vectorial de la Onda Incidente y la Onda Reflejada [5][7]:

$$V(d) = V_m^+ e^{+j\beta d} + V_m^- e^{-j\beta d} \tag{4.16}$$

y la onda total de corriente viene dada por:

$$I(d) = I_m^+ e^{+j\beta d} + I_m^- e^{-j\beta d} = \frac{V_m^+}{Z_0} e^{+j\beta d} - \frac{V_m^-}{Z_0} e^{-j\beta d} \tag{4.17}$$

Por simplicidad, calculamos la tensión y corriente total en el origen de sistema de coordenadas, donde $d = 0$, con lo cual se anulan las exponenciales de las ecuaciones anteriores [1]. Llamando a la tensión total $V(0) = V$ y a la corriente total $I(0) = I$, e indicando con los supraíndices "+" y "-" las componentes Incidentes y Reflejadas respectivamente:

$$V = V^+ + V^- \tag{4.18}$$

$$I = \frac{V^+}{Z_0} - \frac{V^-}{Z_0} \tag{4.19}$$

De estas ecuaciones se derivan expresiones para V^+ y V^- en función de las otras variables. Se despejan las variables V^+ y V^- de la ecuación (4.18):

---

[1]Si bien se desarrollan las ecuaciones sobre la carga, el cálculo y todo el desarrollo que sigue es válido para cualquier posición de la línea de transmisión, es decir, para cualquier valor de d.

4.2. Modelo de Parámetros-S

$$V^+ = V - V^-$$
$$V^- = V - V^+$$

$$(4.20)$$

y también de la ecuación y (4.19)

$$V^+ = V^- + Z_0 I$$
$$V^- = V^+ - Z_0 I$$

$$(4.21)$$

Se reemplaza los valores de V^+ y V^- de la ecuación (4.21) en la ecuación (4.20):

$$V^+ = V - (V^+ - Z_0 I)$$
$$V^- = V - (V^- + Z_0 I)$$

de donde se obtienen, luego de operar, las ecuaciones para V^+ y V^- en función de la tensión total V y la corriente total I [34]:

$$V^+ = \frac{V + Z_0 I}{2} \qquad \text{Onda Incidente de Tensión} \qquad (4.22)$$

$$V^- = \frac{V - Z_0 I}{2} \qquad \text{Onda Reflejada de Tensión} \qquad (4.23)$$

El coeficiente de reflexión sobre la carga está dado por:

$$\Gamma(d = 0) = \frac{V^-}{V^+} \qquad (4.24)$$

Si bien se pueden utilizar estas definiciones de V^+ y V^-, se lleva a cabo una normalización que, por motivos que veremos seguidamente, resulta más práctica y sencilla para el tratamiento matemático y para las mediciones físicas reales. Se dividen las ecuaciones (4.22) y (4.23) por $\sqrt{Z_0}$ para obtener los valores normalizados de V^+ y V^-, a los cuales se les denomina a y b respectivamente [34][35][36]:

$$a = \frac{V^+}{\sqrt{Z_0}} = \frac{V + Z_0 I}{2\sqrt{Z_0}} \qquad (4.25)$$

$$b = \frac{V^-}{\sqrt{Z_0}} = \frac{V - Z_0 I}{2\sqrt{Z_0}} \qquad (4.26)$$

Las Ondas a son las Entradas del sistema (variables independientes) y las Ondas b son sus Salidas (variables dependientes). Observar que las definiciones de a y b no responden a una magnitud física concreta, sino que se definen en base a una transformación matemática de la tensión y la corriente en la línea, y por esta razón se las suele llamar pseudo-ondas (*pseudowaves*) [38][39]. Esta forma de definición hace más sencillos los cálculos, el procesamiento de los datos en una simulación y también la medición en altas frecuencias, donde es mucho más simple medir flujos de potencia que tensiones y corrientes. En efecto, obsérvese que el cuadrado de los módulos de las ondas a y b, de acuerdo a sus definiciones en las ecuaciones (4.25) y (4.25), tienen dimensiones de potencia, hacia y desde la carga. La onda a representa la Potencia Incidente y la onda b la Potencia Reflejada:

$$P_a = |a|^2 \quad \text{Potencia Incidente}$$
$$P_b = |b|^2 \quad \text{Potencia Reflejada} \tag{4.27}$$

Más aún, de la diferencia de estas dos cantidades se puede obtener la potencia neta total promedio en el tiempo que fluye a través del plano de referencia considerado, en este caso, que llega efectivamente a la carga. De la teoría de campo electromagnético para ondas guiadas, la potencia promedio en el tiempo que atraviesa el plano de referencia está dada por:

$$P(d = 0) = \frac{1}{2} Re[VI^*] = \frac{1}{2} Re\left[(V^+ + V^-) \left(\frac{V^+ - V^-}{Z_0} \right)^* \right] \tag{4.28}$$

$$P(d = 0) = \frac{1}{2Z_0} Re\left[|V^+|^2 - |V^-|^2 + (V^-)(V^+)^* - (V^+)(V^-)^* \right]$$

y puesto que el término $(V^-)(V^+)^* - (V^+)(V^-)^*$ es imaginario puro[2], $|V^+|^2/Z_0 = |a|^2$ y $|V^-|^2/Z_0 = |b|^2$, la potencia total promedio que le llega a la carga es [34][39][40]:

$$P(d = 0) = \frac{1}{2}(|a|^2 - |b|^2) = \frac{1}{2}(P_a - P_b) \tag{4.29}$$

que es la potencia promedio neta que atraviesa el plano de referencia ubicado en $d = 0$.

El resultado es lógico ya que $|a|^2$ es la potencia incidente que viaja hacia la carga y $|b|^2$ la potencia reflejada en la carga y que retorna hacia el generador, por lo que su diferencia debe dar la potencia neta que absorbe efectivamente la carga (escalada por un factor de amplitud).

---

[2]Esto se demuestra reemplazando V^+ y V^- por cantidades complejas de la forma $|V|e^{j\theta}$, y desarrollando por fórmula de Euler.

4.2. Modelo de Parámetros-S

Estos cálculos muestran la validez y utilidad de dividir por $\sqrt{Z_0}$ las ondas de tensión incidente y tensión reflejada en las ecuaciones (4.25) y (4.25), normalizándolas y llevándolas a ondas de potencia, facilitando de esta manera su tratamiento teórico y práctico.

El Coeficiente de Reflexión permanece sin cambios, y se convierte en la conocida ecuación que se obtiene en teoría campo electromagnético para ondas guiadas [34] [39] [40]:

$$\Gamma(d=0) = \frac{V^-}{V^+} = \frac{b}{a} = \frac{V - Z_0 I}{V + Z_0 I} = \frac{V/I - Z_0}{V/I + Z_0} = \frac{Z_L - Z_0}{Z_L + Z_0} \qquad (4.30)$$

Ya no es relevante hablar de corrientes o tensiones en el sistema de medición, sino tan solo de flujos de potencia, que como ya mencionamos, en frecuencias elevadas son mas convenientes y facilita el proceso de medición. Empleando acopladores direccionales adecuadamente ubicados en la línea de transmisión, se pueden medir con relativa sencillez la potencia que incide y la que se refleja en dicho punto. Incluso, como se verá, ni siquiera son importantes los valores absolutos de los vectores a y b sino la relación entre ellos.

En el caso más general, suponiendo que no hay adaptación total en ningún puerto de la red, habrá Ondas a (incidentes o entradas) y Ondas b (reflejadas o salidas) en ambos puertos. Colocando un subíndice a cada una de las ondas para indicar al puerto a que pertenece, quedan definidas dos ondas incidentes y dos ondas reflejadas según se muestra en la Figura 4.8.

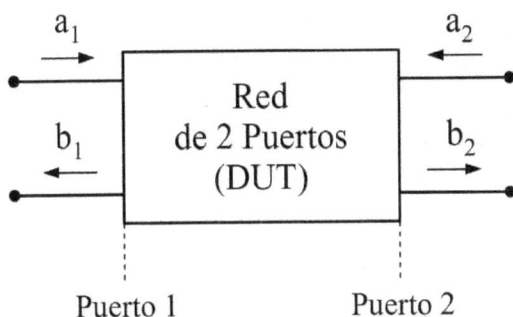

Figura 4.8: Ondas a y b en una red de dos puertas.

Las Ondas a_1 y a_2 son las señales incidentes (entradas) en los Puertos 1 y 2 respectivamente, y las Ondas b_1 y b_2 son las reflejadas (salidas) en los Puertos 1 y 2 respectivamente. El conjunto de ondas suele denominarse ondas dispersas (*scattered*).

4.2.2. Sistema de Medición

Para comenzar con la definición de los Parámetros-S, veamos primero las características del sistema de medición, que se muestra en la Figura 4.9, y que responde al esquema básico de un VNA. Una red de dos puertos o cuadripolo que representa el sistema a modelar (transistor, filtro, amplificador, etc.) conectado mediante líneas de transmisión uniformes y sin pérdidas a una fuente de señal V_S de impedancia Z_S en su entrada (Puerto 1) y a una carga Z_L en su salida (Puerto 2).

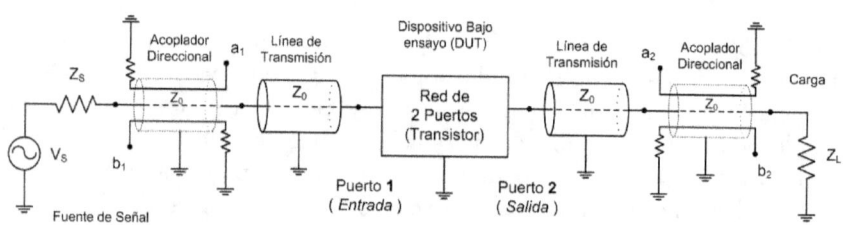

Figura 4.9: Sistema de medición de Parámetros-S.

El sistema de medición se completa con los elementos capaces de medir las potencias incidentes y reflejadas en ambos puertos, para lo cual se intercalan sendos acopladores direccionales en las líneas de transmisión de entrada y salida.

La impedancia característica Z_0 de las líneas de transmisión y de los acopladores direccionales son iguales y reales puras, generalmente de 50 Ω. En algunas aplicaciones se suele utilizar 75 Ω (video) o valores menores a 50 Ω (potencia). En este texto, se consideran todas las impedancias características iguales a 50 Ω, que es la habitual en amplificadores de microondas de baja señal.

En la figura se han detallado los acopladores direccionales, que son dispositivos que tiene la propiedad de separar las señales incidentes y reflejadas, lo cual permite medir los flujos de potencia por separado. Estos dispositivos, si bien presentan pérdidas, son transparentes en lo que al flujo de señales se refiere, por lo que para facilitar la comprensión, pueden ser omitidos. En un sistema real, se consideran las pérdidas por atenuación y los desfasajes introducidos por los acopladores, que son compensados por calibración. En el análisis que sigue, son omitidos por simplicidad, quedando el esquema simplificado que se muestra en la Figura 4.10, que se utiliza para todo el desarrollo del modelo de Parámetros-S.

4.2. Modelo de Parámetros-S

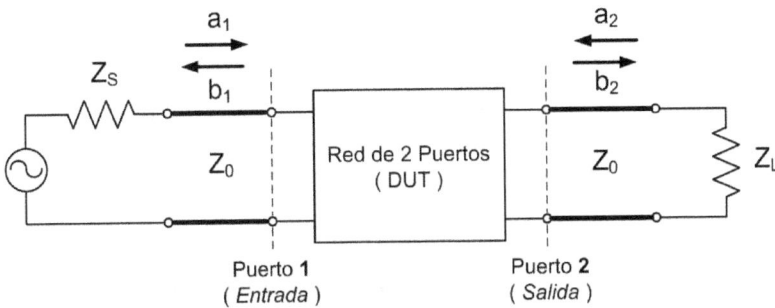

Figura 4.10: Sistema de medición simplificado, en conexión directa.

4.2.3. Parámetros-S

Los Parámetros-S son básicamente relaciones entre las ondas dispersas a y b descriptas en párrafos anteriores, y representan la proporción en que estas magnitudes son reflejadas o transmitidas entre los puertos de la red.

Para comenzar con la definición de los Parámetros-S consideremos el sistema de medición esquematizado en la Figura 4.10, donde se observa una red de dos puertos o DUT, con una fuente de señal conectada en el Puerto 1 (entrada) y una carga conectada en el Puerto 2 (salida). En el caso particular del diseño de amplificadores de microondas de baja señal, el DUT es el transistor con el que se diseña el amplificador, pero el concepto general de Parámetros-S que se verá a continuación se puede extender a cualquier red lineal de dos puertos, como filtros o el amplificador de baja señal completo.

Como puede verse en la figura, se conecta una fuente de señal de impedancia Z_S en la entrada de la red y en su salida se conecta una carga Z_L, ambas conexiones realizadas por medio de líneas de transmisión uniformes y sin pérdidas, de impedancia característica Z_0. Intencionalmente se ha dejado, por ahora, sin definir el valor de la fuente de señal, ya que carece de importancia por el momento.

La fuente de señal emite una onda electromagnética que incide sobre la entrada de la red, donde parte de esa señal es transmitida al puerto de salida y parte se refleja hacia la fuente. En el puerto de salida existe una onda viajando hacia la carga y otra onda viajando desde la carga hacia la salida del cuadripolo. Por lo tanto se tienen dos Ondas Incidentes (a_1 y a_2) y dos Ondas Reflejadas (b_1 y b_2). Las ondas a_1 y b_1 en el puerto de entrada y las ondas a_2 y b_2 en el puerto de salida.

Según ya se ha explicado, estas ondas dispersas se calculan de acuerdo a las siguientes transformaciones de corrientes y tensiones:

$$a_1 = \frac{V_1 + Z_0 I_1}{2\sqrt{Z_0}} \qquad \text{Onda Incidente en Puerto 1}$$

$$a_2 = \frac{V_2 + Z_0 I_2}{2\sqrt{Z_0}} \qquad \text{Onda Incidente en Puerto 2}$$

$$b_1 = \frac{V_1 - Z_0 I_1}{2\sqrt{Z_0}} \qquad \text{Onda Reflejada en Puerto 1}$$

$$b_2 = \frac{V_2 - Z_0 I_2}{2\sqrt{Z_0}} \qquad \text{Onda Reflejada en Puerto 2}$$

Ahora veamos cómo se constituyen estas cuatro ondas, para lo cual consideramos la Figura 4.11, donde se ha simplificado el sistema, indicando solamente el DUT, los flujos de señales que forman las ondas a y b, y las impedancias de carga y de fuente, que pueden tener cualquier valor. Como se muestra en la figura, supongamos que el cuadripolo se caracteriza mediante cuatro parámetros $(S_{11}, S_{12}, S_{21}, S_{22})$ que representan funciones de transferencia en los puertos $(S_{11}$ y $S_{22})$ y entre ellos $(S_{12}$ y $S_{21})$ [41].

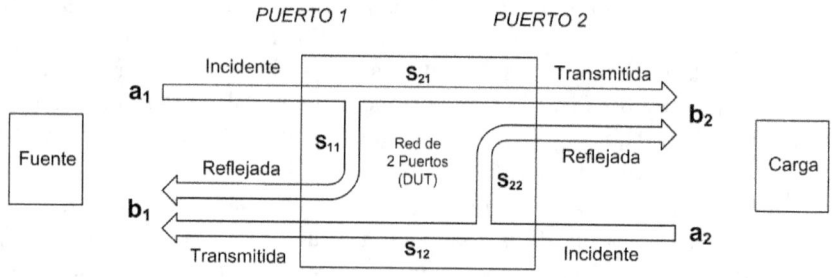

Figura 4.11: Formación de las Ondas incidentes (a) y reflejadas (b).

La fuente de señal genera una onda electromagnética que llega a la entrada de la red como onda incidente a_1. Una porción de esta onda es reflejada hacia la fuente, la cual viene dada $S_{11}a_1$, donde S_{11} es un factor de proporcionalidad que indica la fracción de la onda a_1 que se refleja hacia la fuente, y se denomina *Coeficiente de Reflexión de Entrada*. La porción restante de a_1 es transmitida a través de la red hacia el puerto de salida, generando una onda de salida que viaja desde la salida del cuadripolo hacia la carga. Esta porción viene dada por

4.2. Modelo de Parámetros-S

$S_{21}a_1$, donde S_{21} es el factor de proporcionalidad y se denomina *Coeficiente de Transferencia Directa*. El factor S_{21} representa la Ganancia (mayor que 1) en el caso que el cuadripolo fuese un transistor o amplificador, o bien, la Atenuación (menor que 1), en caso de que la red bajo ensayo fuese un filtro o elemento pasivo.

La fracción de a_1 que atraviesa el cuadripolo ($S_{21}a_1$) viaja hacia la carga y allí una parte se transfiere a la carga y otra parte se refleja en ella (considerando algún grado de desadaptación) y retorna hacia el puerto de salida del cuadripolo como onda incidente a_2 (dado que entra en el cuadripolo). Una parte de la onda incidente a_2 se refleja en la salida del cuadripolo y retorna hacia la carga. Esta porción está dada por $S_{22}a_2$, donde el factor S_{22} es el *Coeficiente de Reflexión de Salida*.

De esta manera, la onda reflejada en el puerto de salida b_2 esta formada por la porción de a_1 que se transfirió desde la entrada hacia la salida ($S_{21}a_1$) más la porción de a_2 que se reflejó en el puerto de salida hacia la carga ($S_{22}a_2$).

Puesto en forma de ecuación:

$$b_2 = S_{21}a_1 + S_{22}a_2 \tag{4.31}$$

Se repite el mismo análisis para la obtención de la onda reflejada b_1 en el puerto de entrada. Se vió que una parte de la onda a_2 se refleja en el puerto de salida y retorna hacia la carga. La porción restante atraviesa la red en sentido inverso, es decir, desde la salida (puerto 2) hacia la entrada (puerto 1), y viaja hacia la fuente afectada por el coeficiente S_{12}. Esta porción viene dada por $S_{12}a_2$, donde el factor S_{12} se define como *Coeficiente de Transferencia Inversa*. Esta porción $S_{12}a_2$ se suma a la porción de la onda a_1 que se refleja en el puerto de entrada ($S_{11}a_1$) y juntas conforman la onda reflejada b_1 que viaja desde el puerto de entrada hacia la fuente de señal. Puesto en forma de ecuación:

$$b_1 = S_{11}a_1 + S_{12}a_2 \tag{4.32}$$

Uniendo estas dos ecuaciones se obtiene el *Modelo de Parámetros-S* [35][36][39][40][41]:

$$\begin{aligned} b_1 &= S_{11}a_1 + S_{12}a_2 \\ b_2 &= S_{21}a_1 + S_{22}a_2 \end{aligned} \tag{4.33}$$

o bien en forma matricial:

$$\begin{bmatrix} b_1 \\ b_2 \end{bmatrix} = \begin{bmatrix} S_{11} & S_{12} \\ S_{21} & S_{22} \end{bmatrix} \begin{bmatrix} a_1 \\ a_2 \end{bmatrix} \tag{4.34}$$

Se observa que las ondas incidentes son las variables independientes del sistema y las ondas reflejadas son las variables dependientes. La onda incidente a_1 es la que genera la fuente y la a_2 es la que se refleja en la carga y se dirige hacia la salida del circuito de dos puertos. Las ondas reflejadas, tanto en la entrada como en la salida, son el resultado de dos componentes. En la entrada, la onda reflejada b_1 que viaja hacia la fuente, es la suma de la porción de a_1 que se refleja en el Puerto 1 más la porción de a_2 que se transmite desde la salida de la red hacia su entrada. En forma similar, en la salida, la onda reflejada que viaja hacia la carga b_2 esta compuesta por una porción de a_2 que se refleja en la salida más una porción de la onda a_1 que se trasmite desde la entrada hacia la salida.

Recordemos que todas estas magnitudes, incluyendo los coeficientes de proporcionalidad (Parámetros-S), son magnitudes vectoriales, con módulo y fase. De acuerdo a las fases relativas, el módulo de la suma puede aumentar o disminuir su valor, es decir, para dos señales en fase los módulos se suman y para dos señales en contrafase los módulos se restan.

4.2.4. Medición de Parámetros-S

El proceso de medición de parámetros de un modelo suele denominarse "extracción del modelo". En el caso de los Parámetros-S, para su obtención se sigue la misma metodología general que en el caso de los parámetros Z, Y y h: básicamente, se anulan sucesivamente las variables independientes, se miden las variables dependientes y en base a los resultados obtenidos se calculan los parámetros de dispersión. En este caso, según el sistema de ecuaciones (4.33), las variables independientes son las ondas incidentes (a) y las variables dependientes las ondas reflejadas (b), por lo tanto se deben anular sucesivamente las ondas a y medir las b.

La anulación de las ondas incidentes se puede llevar a cabo colocando, en el puerto correspondiente, una impedancia de carga igual a la impedancia característica de las líneas de transmisión (se adapta la carga a la impedancia de la línea). Con esto se anulan las reflexiones en la carga y por tanto las ondas entrantes al cuadripolo. Aquí es donde reside la diferencia fundamental de este modelo con los de impedancias y admitancias: se logra anular las variables de entrada mediante adaptaciones de impedancias, lo cual, en alta frecuencias, es más sencillo de realizar que cortocircuitos y circuitos abiertos.

Por ejemplo, si en el sistema mostrado en la Figura 4.10 (o bien en la Figura 4.11) se coloca en el Puerto 2 una impedancia de carga igual a la impedancia de la línea ($Z_L = Z_0$), se eliminan las reflexiones en la carga y por tanto se

4.2. Modelo de Parámetros-S

elimina la onda incidente a_2, resultando el sistema (simplificado) de la Figura 4.12, donde se ve que se ha anulado la onda incidente en la salida ($a_2 = 0$).

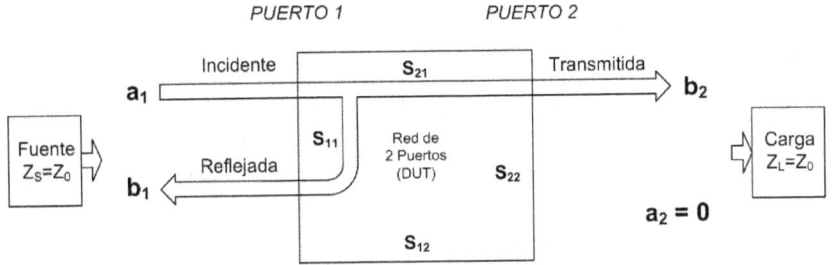

Figura 4.12: Anulación de la Onda a2.

En estas condiciones el sistema de ecuaciones (4.33) se reduce a:

$$b_1 = S_{11}a_1$$
$$b_2 = S_{21}a_1$$

donde pueden calcularse los parámetros S_{11} y S_{21}:

$$S_{11} = \left.\frac{b_1}{a_1}\right|_{a_2=0} \tag{4.35}$$

$$S_{21} = \left.\frac{b_2}{a_1}\right|_{a_2=0} \tag{4.36}$$

Considerando que fue anulada la onda incidente en el puerto de salida ($a_2 = 0$), también se anulan las correspondientes fracciones de esta onda que contribuían a la formación de las ondas b_1 y b_2. La onda reflejada en la entrada b_1 sólo se debe a la reflexión de la onda incidente a_1, por lo que el parámetro S_{11} es la relación entre la onda reflejada y la incidente en el puerto de entrada, recibiendo el nombre ya mencionado de Coeficiente de Reflexión de Entrada.

Con el mismo razonamiento, se observa que la onda reflejada en el puerto de salida b_2 sólo está formada por la fracción de a_1 que se transmite desde la entrada hacia la salida, por tanto el parámetros S_{21} es la relación entre la onda transmitida a la salida y la onda que incide en la entrada, recibiendo el nombre ya mencionado de Coeficiente de Transmisión Directa. Este es un parámetro muy importante ya que representa la función de transferencia directa de la red: sería la ganancia en el caso que se trate de un amplificador o la atenuación si fuese un filtro u otro elemento pasivo.

Es importante destacar que para efectuar estas mediciones solo basta adaptar la impedancia de carga a la impedancia característica del sistema de medición y midiendo flujos de potencia. Todo esto, en altas frecuencias, es mucho más sencillo que realizar complicados cortocircuitos o circuitos abiertos y medir tensiones o corrientes.

Observar que no es necesario que la impedancia de salida de la red en estudio esté adaptada al sistema de medición o presente algún valor determinado ya que al no existir a_2 no incide ninguna onda sobre la salida de la red.

Ahora puede realizarse el mismo procedimiento de medición en el Puerto 2, colocando la fuente de señal en la salida de la red y una carga $Z_L = Z_0$ en la entrada de ésta, tal como muestra la Figura 4.13 (esto equivale a invertir el DUT en el sistema de medición).

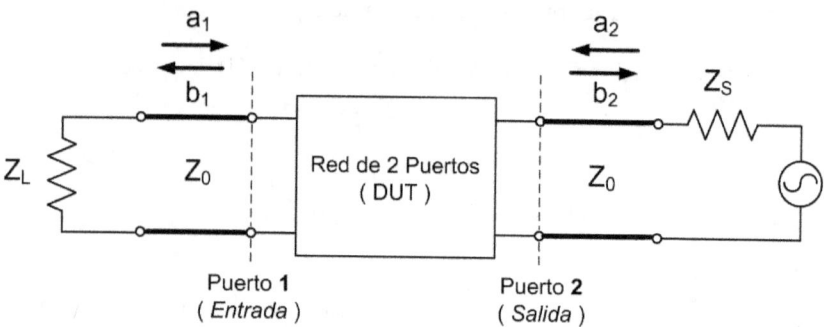

Figura 4.13: Sistema de medición simplificado, en conexión inversa.

Repitiendo el procedimiento anterior, se inyecta la señal a_2 desde la salida y se aplica una carga de valor $Z_L = Z_0$ que adapta el Puerto 1, eliminando así la reflexión en la carga y anulando la onda incidente sobre el puerto de entrada, situación que se dibuja en forma simplificada en la Figura 4.14.

En estas condiciones, el sistema de ecuaciones (4.33) se reduce a:

$$b_1 = S_{12}a_2$$
$$b_2 = S_{22}a_2$$

donde pueden calcularse los parámetros S_{12} y S_{22}:

$$S_{12} = \frac{b_1}{a_2}\bigg|_{a_1=0} \tag{4.37}$$

4.2. Modelo de Parámetros-S

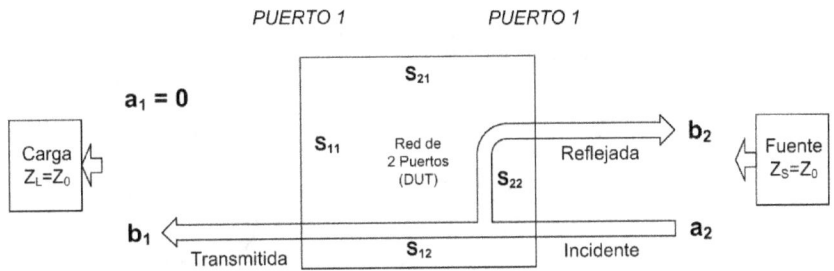

Figura 4.14: Anulación de la Onda a1.

$$S_{22} = \left. \frac{b_2}{a_2} \right|_{a_1=0} \tag{4.38}$$

Se repite el análisis anterior: al haberse anulado la onda incidente en el puerto de entrada a_1 se anulan también las fracciones de la misma que contribuían a la formación de las ondas reflejadas b_1 y b_2. La onda b_1 solo se debe a la fracción de a_2 que se transmite a través de la red, desde la salida hacia la entrada, y la onda b_2 es producto solamente de la reflexión de la onda incidente a_2 en el Puerto 2. Siguiendo el mismo razonamiento anterior, observamos que el Parámetro S_{12} es el Coeficiente de Transferencia Inversa con la entrada cargada con Z_0, dado que queda definido por la relación entre la onda que se transmite desde la salida hacia la entrada y la onda que incide sobre el puerto de salida. El parámetro S_{22} es la relación entre la onda reflejada y la incidente en el puerto de salida, por lo tanto representa el Coeficiente de Reflexión de Salida con la entrada adaptada a Z_0.

En la Figura 4.15 se representa en forma esquemática el concepto de los cuatro parámetros S.

En la figura, los Parámetros-S caracterizan la red de dos puertos, es decir, constituyen su modelo, y están definidos por:

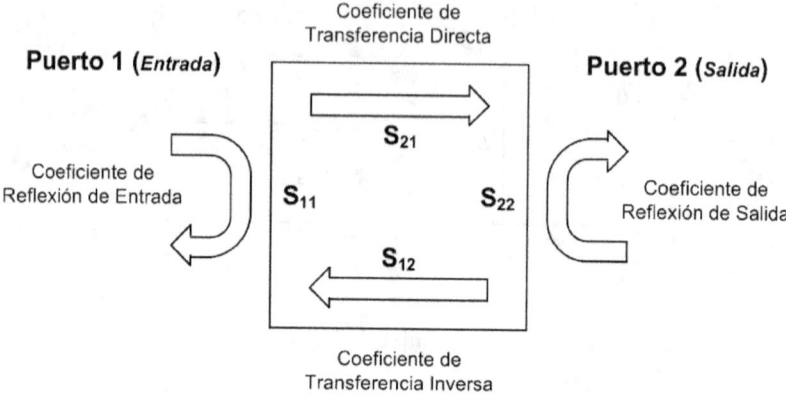

Figura 4.15: Resumen de flujo de ondas en los puertos del DUT.

$$S_{11} = \frac{b_1}{a_1}\bigg|_{a_1=0} \qquad \text{Coeficiente de Reflexión de Entrada}$$

$$S_{22} = \frac{b_2}{a_2}\bigg|_{a_1=0} \qquad \text{Coeficiente de Reflexión de Salida}$$

$$S_{21} = \frac{b_2}{a_1}\bigg|_{a_2=0} \qquad \text{Coeficiente de Transferencia Directa}$$

$$S_{12} = \frac{b_1}{a_2}\bigg|_{a_1=0} \qquad \text{Coeficiente de Transferencia Inversa}$$

(4.39)

Como puede deducirse de toda la explicación anterior, el anular las ondas incidentes en la entrada y salida de la red, implica adaptar las cargas, en la entrada o en la salida, según el caso. Ya no es necesario realizar dificultosos cortos circuitos o circuitos abiertos para la señal, ni medir valores absolutos de tensión o corriente. Así, solo se miden flujos de ondas de potencia. Además, trabajando con cargas adaptadas, el sistema tiende a ser más estable. Esto hace que los Parámetros-S sean un modelo matemático mucho más eficiente y fácil de obtener para la caracterización de componentes y circuitos eléctricos en altas frecuencias, facilitando el análisis y diseño de los mismos.

Observar que cada uno de los parámetros del modelo está definido por una relación de dos ondas, una de salida y otra de entrada, y poseen dos subíndices (S_{ji}) tal que el primer subíndice (j) indica el puerto de la señal de salida y el segundo subíndice (i) es el número de puerto donde se aplica la señal de

4.2. Modelo de Parámetros-S

entrada. Así, por ejemplo, el parámetro S_{21} es la realción entre la señal de salida en el Puerto 2 y la de entrada en el Puerto 1. Con esta nomenclatura, el modelo puede extenderse fácilmente a sistemas lineales de más de dos puertos.

Los Parámetros-S varían, en general, con las condiciones de polarización y con la frecuencia. Si se cambia la frecuencia de trabajo o la polarización del dispositivo activo, cambiará indefectiblemente el valor de los Parámetros-S, tanto en módulo como en fase. Al extraer el modelo de un elemento activo polarizado en región lineal se calculan parámetros para esas condiciones de polarización y esa frecuencia de trabajo, si estas varían, también varían los parámetros del modelo. Por este motivo, los fabricantes de transistores publican conjuntos de parámetros clasificados según las condiciones de polarización y la frecuencia de trabajo. Para esto, el fabricante debe medirlos en estas condiciones y el usuario (ingeniero de desarrollo) deberá utilizarlos en estas condiciones. Es decir, la implementación del amplificador deberá tener las mismas condiciones de operación (polarización y frecuencia) que las condiciones en que se midieron los Parámetros-S brindados por el fabricante.

En el Apéndice B se muestra, a modo de ejemplo, un archivo típico de Parámetros-S, en este caso, correspondiente al transistor Infineon BFP450, polarizado con 3V de tensión entre Colector-Emisor y 10 mA de Corriente de Colector. Puede observarse un encabezado con información del transistor y las condiciones de operación (VCE=3.0V, IC=0.10A), y luego una tabla con nueve columnas. La primera de ellas es la frecuencia de operación, en MHz, y las ocho restantes son los cuatro Parámetros-S del transistor, separados cada uno de ellos en módulo y fase (MAG / ANG). De esta forma, se ingresa en la tabla con la frecuencia a la cual se realizará el diseño y se obtienen los módulos y ángulos de los cuatro parámetros del transistor. El diseñador deberá polarizar al transistor en las condiciones indicadas en el archivo, de lo contrario, deberá buscarse otro archivo que corresponda a las condiciones de polarización que se van a utilizar. Este archivo suele llevar la extensión S2P, indicando que se trata de un modelo de Parámetros-S para una red de 2 puertos.

Relaciones de Potencia

Ya se ha visto que el cuadrado del módulo de las magnitudes normalizadas de las ondas a y b tienen dimensión de potencia, por lo que se puede escribir:

$$|a_1|^2 = \text{Potencia Incidente en el Puerto 1}$$

$$|a_2|^2 = \text{Potencia Incidente en el Puerto 2}$$

$$|b_1|^2 = \text{Potencia Reflejada en el Puerto 1}$$

$$|b_2|^2 = \text{Potencia Reflejada en el Puerto 2}$$

Según estas definiciones, los Parámetros-S se pueden expresar como relaciones de potencias [35][36]:

Reflexión de Potencia de Entrada:

$$|S_{11}|^2 = \frac{\text{Potencia Reflejada Puerto 1}}{\text{Potencia Incidente Puerto 1}}$$

Reflexión de Potencia de Salida:

$$|S_{22}|^2 = \frac{\text{Potencia Reflejada Puerto 2}}{\text{Potencia Incidente Puerto 2}}$$

Ganancia de Potencia Directa:

$$|S_{21}|^2 = \frac{\text{Potencia Transmitida Puerto 2}}{\text{Potencia Incidente Puerto 1}}$$

Ganancia de Potencia Inversa:

$$|S_{12}|^2 = \frac{\text{Potencia Transmitida Puerto 1}}{\text{Potencia Incidente Puerto 2}}$$

4.2.5. Amplificador Modelado con Parámetros-S

Considerando que el principal objetivo es lograr el análisis y diseño detallado de un amplificador de microondas, y utilizando el modelo de Parámetros-S, ya se puede esbozar un primer diagrama en bloques básico (se completará en secciones subsiguientes) del amplificador de baja señal en microondas, el cual es mostrado en la Figura 4.16. Se puede ver que es conceptualmente similar al sistema de medición que ya se ha visto en secciones anteriores. La red de dos puertos es ahora un transistor de microondas modelado con sus Parámetros-S, brindados por el fabricante. La etapa de amplificación es excitada con una Fuente de Señal V_S de impedancia Z_S y a la salida del amplificador se conecta una carga Z_L.

Las interconexiones entre la fuente de señal y la entrada del transistor, y la salida del mismo y la impedancia de carga, se realizan a través de sendas líneas de transmisión de impedancia característica Z_0, por las cuales viajan las ondas electromagnéticas incidentes y reflejadas.

4.2. Modelo de Parámetros-S

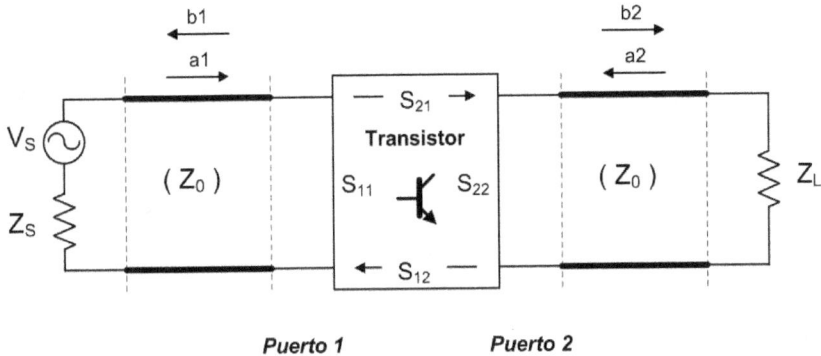

Figura 4.16: Amplificador modelado con Parametros-S.

4.2.6. Dispositivos de más de 2 Puertos

Se han definido y calculado los Parámetros-S de una red de dos puertos, por lo que aparecen un total de cuatro parámetros, pero el modelo es válido para describir cualquier componente o circuito lineal en RF/MW con cualquier número de puertos. Con relativa facilidad el modelo se puede generalizar para sistemas de más de dos puertos, como por ejemplo, un mezclador trabajando en baja señal.

Supóngase un sistema lineal que tiene p puertos de salida y q puertos de entrada, el mismo puede ser modelado por un sistema de p ecuaciones con q variables independientes, similar al visto en las ecuaciones (4.33) y (4.34), pero de dimensiones $p \times q$, obteniéndose lo que se conoce como "Matriz de Parámetros-S" o "Matriz de Dispersión" [34][39][42]:

$$b_1 = S_{11}a_1 + S_{12}a_2 + \ldots + S_{1q}a_q$$
$$b_2 = S_{21}a_1 + S_{22}a_2 + \ldots + S_{2q}a_q$$
$$\vdots = \vdots \quad \vdots \quad \quad \vdots$$
$$b_p = S_{p1}a_1 + S_{p2}a_2 + \ldots + S_{pq}a_q$$

El conjunto de ecuaciones de Parámetros-S para un dispositivo multipuertos, puede generalizarse en forma compacta como:

$$b_p = \sum_q S_{pq}a_q \tag{4.40}$$

que es la ecuación general de Parámetros-S para el caso multipuertos.

Las ondas a_q son las entradas del sistema y las ondas b_p son las salidas. Los coeficientes S_{pq} son los Parámetros-S que establecen un mapeo lineal (y analítico) en el dominio de la frecuencia, entre las entradas a_q y las salidas b_p.

Si se agrega un subíndice k para indicar la componente armónica (frecuencia) se tendrá un conjunto de ecuaciones para cada frecuencia considerada, y la ecuación compacta es:

$$b_{pk} = \sum_q S_{pq,k} a_{qk} \tag{4.41}$$

que es la ecuación general de Parámetros-S para el caso Multipuertos Multi-frecuencias.

No obstante, se observa claramente que en este modelo se considera siempre la misma frecuencia (misma componente armónica) para todas las variables de la ecuación, no hay coeficientes que relacionen distintas componentes de frecuencias, por ejemplo, la segunda armónica en un puerto con la tercera en otro puerto. Esto hace que el modelo no pueda describir el comportamiento del sistema frente a armónicas cruzadas, ni tampoco otros fenómenos no lineales. Esto solo puede lograrse con modelos no lineales, como el de Parámetros-X, que es una generalización de los S para casos no lineales [26].

El modelo de Parámetros-S es válido para sistemas rigurosamente lineales, donde se cumple el principio de superposición. Si se consideran varias frecuencias, se tendrá un set de ecuaciones similar al indicado en (4.40), pero cada una de ellos independiente de los demás. Los Parámetros-S no pueden describir comportamientos no lineales. Si el sistema es lineal, el modelo de Parámetros-S es útil para describir su comportamiento, cualquiera sea su número de puertos, y por este motivo se ha difundido tanto en la caracterización y diseño de amplificadores, filtros, mezcladores y una gran variedad de componentes, redes y circuitos de RF/MW.

Capítulo 5

Amplificador de Microondas

Hasta aquí, se ha obtenido un modelo matemático útil para analizar, diseñar y caracterizar una red cualquiera de microondas que muestre comportamiento lineal, como un amplificador de baja señal. Es decir, cualquier componente o red de dos puertos que se utilice en un circuito de microondas puede ser considerado como un cuadripolo genérico y utilizarse sus Parámetros-S para el diseño de circuitos mas complejos.

Tal como ya fuese presentado en el capítulo anterior, la red de dos puertos empleada para la definición de los Parámetros-S pasará a ser ahora un elemento activo (transistor), que produce amplificación de señal y será la parte central alrededor de la cual se construyen los demás módulos del amplificador de microondas.

Primero se desarrollan las ecuaciones que describen el comportamiento del amplificador, como ganancias, impedancias y coeficientes de reflexión, y luego, en capítulos siguientes, se utilizan estas ecuaciones para completar el diseño del amplificador.

Muchas de las ecuaciones que se presentan en este capítulo se obtienen mediante la aplicación de la herramienta matemática denominada Gráfica de Flujo de Señal. Las deducciones de tales ecuaciones con esta herramienta se distancia mucho del objetivo y enfoque de este libro, razón por la cual no son incluidas. No obstante, existe abundante bibliografía como soporte para estos desarrollos matemáticos, parte de la misma se indica en al final del texto [36][42][43][44].

5.1. Variables del Sistema

Para el estudio del amplificador, comenzaremos analizando las variables que intervienen, para lo cual se emplea primero el diagrama en bloques simplificado del amplificador mostrado en la Figura 5.1, en el que se han omitido las líneas de transmisión para mayor simplicidad. En la figura se observa que el amplificador está compuesto básicamente por un transistor de microondas, modelizado por sus Parámetros-S, con una fuente de señal de radiofrecuencias conectada a su puerto de entrada y una carga en su puerto de salida. La fuente de señal tiene un valor de tensión V_S y una impedancia interna Z_S, y la carga un valor Z_L.

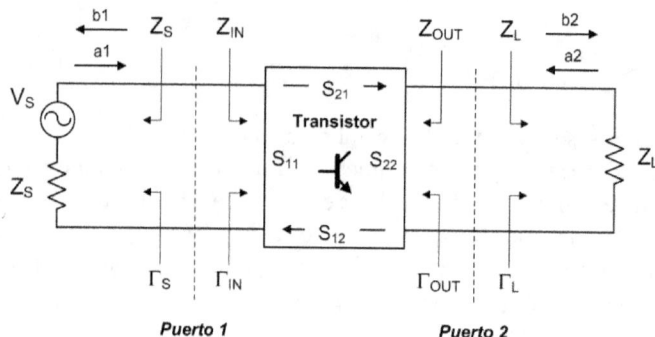

Figura 5.1: Amplificador de microondas simplificado.

Como ya se ha visto, las conexiones entre fuente y transistor, y entre carga y transistor, se realiza por medio de líneas de transmisión. Es decir, en un sistema normal tendríamos líneas de transmisión conectadas en los Puertos 1 y 2, interpuestas entre la fuente y el transistor y entre este y la carga respectivamente. La impedancia característica de estas líneas es la típica de 50 Ω, y este es el valor que se toma como impedancia de referencia del sistema ($Z_0 = 50\Omega$). Incluso, se dice que es un "sistema de impedancia 50 Ω", o bien que la red se halla "embebida en un sistema de 50 Ω".

Por ahora, se considera que las líneas de interconexión están presentes pero son de longitud cero. De esta forma, los coeficientes de reflexión de fuente y de carga, que normalmente estarían ubicados en un plano de referencia junto a la carga, separados de los puertos del transistor por las líneas de transmisión, ahora están ubicados en los puertos 1 y 2, como se observa en la figura, debido a que la longitud de dichas líneas es nula [40]. Esto simplifica los

5.1. Variables del Sistema

primeros cálculos, luego se retornará al caso normal con líneas de transmisión de longitud no nula. Teniendo en cuenta esto, se definen a continuación el conjunto de elementos y variables que intervienen en el sistema.

Fuente de Señal (V_S)

Es la Fuente (*Source*) que emite las ondas electromagnéticas que excitan la entrada del elemento activo. Se la considera de una sola frecuencia (tono puro) y de baja señal, de forma que mantenga el elemento activo en zona lineal. En condiciones reales, puede ser el generador de laboratorio o la etapa anterior en un sistema de comunicaciones.

Impedancia de la Fuente de Señal (Z_{Source})

Es la impedancia de salida de la Fuente de señal. En condiciones reales, es la impedancia de salida del instrumento que excita el amplificador o la impedancia de la etapa anterior (en este caso $Z_{Source} = Z_S$).

Impedancia de Carga (Z_{Load})

Es la impedancia de Carga (*Load*) que se conecta a la salida del elemento activo y a la cual se debe entregar la mayor cantidad de energía. En condiciones reales, es la impedancia vista hacia el interior del instrumento de medición o la impedancia de entrada de la etapa que sigue al amplificador (en este caso $Z_{Load} = Z_L$).

Impedancia Característica (Z_0)

Es la impedancia característica de las líneas de transmisión de entrada y salida, y a la cual se refiere todo el sistema, real pura de 50 Ω.

Impedancia de Entrada del Amplificador (Z_{IN})

Impedancia vista desde el puerto 1 hacia el interior del transistor o amplificador, (*IN*, entrada)

Impedancia de Salida del Amplificador (Z_{OUT})

Impedancia vista desde el puerto 2 hacia el interior del transistor o amplificador, (*OUT*, salida)

Impedancia de Fuente del Amplificador (Z_S)

Es la impedancia vista desde el puerto 1 hacia la fuente de señal, que en este caso particular coincide exactamente con la impedancia interna de la fuente, dado que existe conexión directa entre el puerto 1 y la fuente.

Impedancia de Carga del Amplificador (Z_L)

Es la impedancia vista desde el puerto 2 hacia la carga, que en este caso particular coincide exactamente con la impedancia de carga porque existe conexión directa entre el puerto 2 y la misma.

Coeficiente de Reflexión de Entrada (Γ_{IN})

Es la relación entre la onda reflejada y la onda incidente en el puerto 1, mirando hacia el interior del elemento activo (*IN*, entrada):

$$\Gamma_{IN} = \frac{b_1}{a_1}$$

Coeficiente de Reflexión de Salida (Γ_{OUT})

· Es la relación entre la onda reflejada y la onda incidente en el puerto 2, mirando hacia el interior del elemento activo (OUT, salida):

$$\Gamma_{OUT} = \frac{b_2}{a_2}$$

Coeficiente de Reflexión de Fuente (Γ_S)

Es la relación entre la onda reflejada y la onda incidente en el puerto 1, mirando hacia la fuente de señal ($Source$):

$$\Gamma_S = \frac{a_1}{b_1} = \frac{Z_S - Z_0}{Z_S + Z_0}$$

Coeficiente de Reflexión de Carga (Γ_L)

Es la relación entre la onda reflejada y la onda incidente en el puerto 2, mirando hacia la carga ($Source$):

$$\Gamma_L = \frac{a_2}{b_2} = \frac{Z_L - Z_0}{Z_L + Z_0}$$

La nomenclatura usada en estas variables puede cambiar de un texto a otro, provocando cierto grado de confusión. Aquí se ha intentado conservar la nomenclatura más difundida, especialmente la que se utiliza en los textos considerados como referencias, todos ellos en idioma inglés [1][35][36][40][42].

5.2. Coeficientes de Reflexión

Partiendo entonces del diagrama de la Figura 5.1, se considera el caso general donde no hay adaptación en ninguno de los puertos, por lo que no se anulan ninguna de las ondas electromagnéticas incidentes y reflejadas. Es decir, se presenta la condición general en la que se hallan presentes las cuatro ondas: a_1, a_2, b_1 y b_2,

Como ya se ha visto, de acuerdo a la teoría de campo electromagnético y líneas de transmisión, se demuestra que los coeficientes de reflexión en los

---

[1]Se han utilizado los subíndices "IN" o "1" para indicar la Entrada o Puerto 1, y los subíndices "OUT" o "2" para indicar la Salida o Puerto 2. Así mismo, se han empleado los subíndices "S" y "L" para indicar Fuente y Carga respectivamente.

5.2. Coeficientes de Reflexión

puntos de cambio de medio (planos de referencia) pueden calcularse por la relación de las impedancia de ambos medios.

En la entrada:

$$\Gamma_S = \frac{Z_S - Z_0}{Z_S + Z_0} \tag{5.1}$$

$$\Gamma_{IN} = \frac{Z_{IN} - Z_0}{Z_{IN} + Z_0} \tag{5.2}$$

En la salida:

$$\Gamma_L = \frac{Z_L - Z_0}{Z_L + Z_0} \tag{5.3}$$

$$\Gamma_{OUT} = \frac{Z_{OUT} - Z_0}{Z_{OUT} + Z_0} \tag{5.4}$$

El elemento activo está descrito por el modelo de Parámetros-S, por lo tanto responde al siguiente sistema de ecuaciones lineales:

$$\begin{aligned} b_1 &= S_{11}a_1 + S_{12}a_2 \\ b_2 &= S_{21}a_1 + S_{22}a_2 \end{aligned} \tag{5.5}$$

5.2.1. Coeficiente de Reflexión de Entrada

El coeficiente de reflexión de la carga, definido en el Puerto 2 y observando desde la salida del transistor hacia la carga, está dado por:

$$\Gamma_L = \frac{a_2}{b_2} \quad \Rightarrow \quad a_2 = \Gamma_L b_2 \tag{5.6}$$

por lo que las ecuaciones del modelo de Parámetros-S, (5.5), se pueden escribir de la siguiente manera:

$$\begin{aligned} b_1 &= S_{11}a_1 + S_{12}\Gamma_L b_2 \\ b_2 &= S_{21}a_1 + S_{22}\Gamma_L b_2 \end{aligned} \tag{5.7}$$

despejando b_2 de la segunda ecuación y reemplazando en la primera:

$$b_2 = S_{21}a_1 + S_{22}\Gamma_L b_2 \quad \Rightarrow \quad b_2 = \frac{S_{21}a_1}{1 - S_{22}\Gamma_L}$$

$$b_1 = S_{11}a_1 + S_{12}\Gamma_L b_2 = S_{11}a_1 + S_{12}\Gamma_L \frac{S_{21}a_1}{1 - S_{22}\Gamma_L}$$

Despejando de esta ecuación la relación entre la onda reflejada y la incidente en el Puerto 1, (b_1/a_1), se obtiene el Coeficiente de Reflexión de Entrada del amplificador:

$$\Gamma_{IN} = \frac{b_1}{a_1} = S_{11} + \frac{S_{12}S_{21}\Gamma_L}{1 - S_{22}\Gamma_L} \tag{5.8}$$

Γ_{IN} es el coeficiente de reflexión en el puerto de entrada mirando hacia el interior de la red.

5.2.2. Coeficiente de Reflexión de Salida

De la misma forma, y haciendo pasiva la fuente de señal conectada en la entrada ($V_S = 0$), se calcula el coeficiente de reflexión de salida.

En el Puerto 1, el Coeficiente de Reflexión de Fuente Γ_S es

$$\Gamma_S = \frac{a_1}{b_1} \;\Rightarrow\; a_1 = \Gamma_S b_1 \tag{5.9}$$

Introduciendo este valor en las ecuaciones del modelo de Parámetros-S, (5.5):

$$\begin{aligned} b_1 &= S_{11}\Gamma_S b_1 + S_{12}a_2 \\ b_2 &= S_{21}\Gamma_S b_1 + S_{22}a_2 \end{aligned} \tag{5.10}$$

despejando ahora b_1 de la primera ecuación y reemplazando en la segunda

$$b_1 = S_{11}\Gamma_S b_1 + S_{12}a_2 \;\Rightarrow\; b_1 = \frac{S_{12}a_2}{1 - S_{11}\Gamma_S}$$

$$b_2 = S_{21}\Gamma_S b_1 + S_{22}a_2 = S_{21}\Gamma_S \frac{S_{12}a_2}{1 - S_{11}\Gamma_S} + S_{22}a_2$$

y despejando ahora la relación entre la onda reflejada y la incidente en el Puerto 2 (b_2/a_2), se obtiene el Coeficiente de Reflexión de Salida del amplificador:

$$\Gamma_{OUT} = \frac{b_2}{a_2} = S_{22} + \frac{S_{12}S_{21}\Gamma_S}{1 - S_{11}\Gamma_S} \tag{5.11}$$

Γ_{OUT} es el coeficiente de reflexión en la salida mirando hacia el interior de la red.

5.2. Coeficientes de Reflexión

5.2.3. Interacción entre Puertos

En el sistema simplificado de la Figura 5.1, ambos puertos son los puntos donde hay cambio de medios de transmisión. Entonces, considerando el caso general que ambos puertos estén desadaptados, los coeficientes de reflexión en ambos puertos, observando hacia ambos lados, serían todos distintos de cero y están definidos por las siguientes ecuaciones:

Coeficiente de Reflexión de Fuente:

$$\Gamma_S = \frac{Z_S - Z_0}{Z_S + Z_0} \tag{5.12}$$

Coeficiente de Reflexión de Carga:

$$\Gamma_L = \frac{Z_L - Z_0}{Z_L + Z_0} \tag{5.13}$$

Coeficiente de Reflexión de Entrada:

$$\Gamma_{IN} = S_{11} + \frac{S_{12}S_{21}\Gamma_L}{1 - S_{22}\Gamma_L} = \frac{Z_{IN} - Z_0}{Z_{IN} + Z_0} \tag{5.14}$$

Coeficiente de Reflexión de Salida:

$$\Gamma_{OUT} = S_{22} + \frac{S_{12}S_{21}\Gamma_S}{1 - S_{11}\Gamma_S} = \frac{Z_{OUT} - Z_0}{Z_{OUT} + Z_0} \tag{5.15}$$

En este caso general, observamos que el Coeficiente de Reflexión de Entrada Γ_{IN} es la suma de dos términos: el primero es el coeficiente de reflexión de entrada propio del elemento activo (S_{11}), y el segundo término depende del Coeficiente de Reflexión de la Carga (Γ_L). Es decir, el coeficiente de reflexión en la entrada de la red es afectado por el circuito de salida, por la adaptación entre la carga y la línea de transmisión. Este efecto se debe a que la onda reflejada en la carga retorna hacia la red activa y contribuye a la conformación de la onda incidente en el puerto de salida (a_2), y a su vez, parte de ésta pasa hacia la entrada por efecto del parámetro de transferencia inversa S_{12}, contribuyendo a la conformación de la onda reflejada en la entrada (b_1).Entonces, Γ_{IN} depende de Γ_L.

De forma análoga, se observa que Γ_{OUT} depende de Γ_S. El Coeficiente de Reflexión de Salida Γ_{OUT} es igual al coeficiente de reflexión de salida del elemento activo (S_{22}) más un término que depende del Coeficiente de Reflexión de Fuente (Γ_S). La onda que se refleja en la fuente retorna hacia la entrada de la red activa formando parte de la señal incidente sobre la entrada (a_1)

y, por efecto del coeficiente de transmisión directa (S_{21}), una parte de ella se transfiere a la salida de la red para conformar la onda reflejada en la salida (b_2).

Para resumir, decimos que los coeficientes de reflexión de entrada y salida de la red son afectados por los circuitos del puerto opuesto al cual se miden.

5.2.4. Coeficientes de Reflexión y Adaptación de Impedancias

Ahora bien, si se supone el caso particular en que tanto la impedancia de fuente como la de carga sean iguales al valor de la impedancia característica Z_0 de las líneas de transmisión, tanto la fuente como la carga estarán adaptadas a las líneas del sistema. En este caso, se deduce que los coeficientes de reflexión de entrada y salida de la red pasan a ser iguales a los Parámetros-S de entrada y salida del elemento activo:

$$\text{Si } Z_L = Z_0 \ \Rightarrow \ \Gamma_L = 0 \ \Rightarrow \ \Gamma_{IN} = S_{11}$$
$$\text{Si } Z_S = Z_0 \ \Rightarrow \ \Gamma_S = 0 \ \Rightarrow \ \Gamma_{OUT} = S_{22}$$

Esto es lógico, puesto que si no hay reflexiones en la fuente ni en la carga, desaparecen los efectos que causan los circuitos de fuente y de carga sobre los puertos opuestos, desaparece la interacción entre puertos explicada en la sección anterior.

Por otro lado, si ahora se considera que la fuente de señal de la Figura 5.1 tiene un valor genérico de impedancia dado por:

$$Z_S = x + jy$$

Y si a su vez esta impedancia está adaptada a la línea del sistema, por el teorema de la máxima transferencia de energía sabemos que las impedancias mirando a ambos lados del puerto 1 deben ser complejas conjugadas, por lo que debe cumplirse

$$Z_{IN} = Z_S^* = x - jy$$

Luego, reemplazando en la ecuación del coeficiente de reflexión de entrada, mirando hacia el interior de la red:

$$\Gamma_{IN} = \frac{Z_{IN} - Z_S}{Z_{IN} + Z_S} = \frac{x - jy - (x + jy)}{x - jy + (x + jy)} = -j\frac{y}{x}$$

y el coeficiente de reflexión mirando hacia la fuente:

$$\Gamma_S = \frac{Z_S - Z_{IN}}{Z_S + Z_{IN}} = \frac{x + jy - (x - jy)}{x + jy + (x - jy)} = j\frac{y}{x}$$

por lo que se cumple

$$\Gamma_{IN} = \Gamma_S^*$$

y lo mismo sucede en la salida: si $Z_{OUT} = Z_L^*$, entonces $\Gamma_{OUT} = \Gamma_L^*$.

Así, la adaptación de impedancias en ambos puertos equivale a la adaptación de los coeficientes de reflexión:

$$Z_{IN} = Z_S^* \Rightarrow \Gamma_{IN} = \Gamma_S^*$$
$$Z_{OUT} = Z_L^* \Rightarrow \Gamma_{OUT} = \Gamma_L^*$$

Se ha llegado a estas equivalencias usando conceptos de ondas viajeras y coeficiente de reflexión, aunque no exista ninguna línea de transmisión en los puertos (Figura 5.1). No obstante, se pueden suponer líneas de transmisión (de impedancia característica Z_0) de longitud cero conectadas en cada puerto, lo cual da sustento a la utilización de estos conceptos [40]. Esta perspectiva facilita el ulterior desarrollo de ecuaciones para el diseño del amplificador.

5.3. Ecuaciones de Ganancias de Potencia

Se definen ahora las ecuaciones que calculan las ganancias de potencia en el amplificador, pero no se realiza su deducción, puesto que escapa al alcance del presente trabajo. En la bibliografía al final del texto se pueden hallar varias deducciones detalladas de estas ecuaciones, que como ya se indicó, muchas de ellas utilizan la herramienta Gráfico de Flujo de Señal [35][36][40][42][45].

Para la definición de las ecuaciones de ganancia de potencia, y a modo de introducción al diseño del amplificador, se completa ahora el diagrama en bloques del amplificador, incluyendo los circuitos (o bloques) de adaptación en la entrada y salida, tal como se muestra en la Figura 5.2.

La Red de Adaptación de Entrada transforma la impedancia de la fuente de señal Z_{Source} en la Impedancia de Fuente Z_S, y la Red de Adaptación de Salida transforma la impedancia de carga Z_{Load} en la Impedancia de Carga Z_L. Como se ve en la figura, estas redes de adaptación también producen los coeficientes de reflexión Γ_S y Γ_L, que junto a los Parámetros-S del transistor, definen la ganancia de todo el amplificador [40][42].

Existen varias formas de definiciones de ganancia, todas ellas relacionadas a los conceptos de potencia disponible (*available power*) y potencia disipada (*dissipated power*). A los fines de encarar el diseño de los amplificadores, aquí

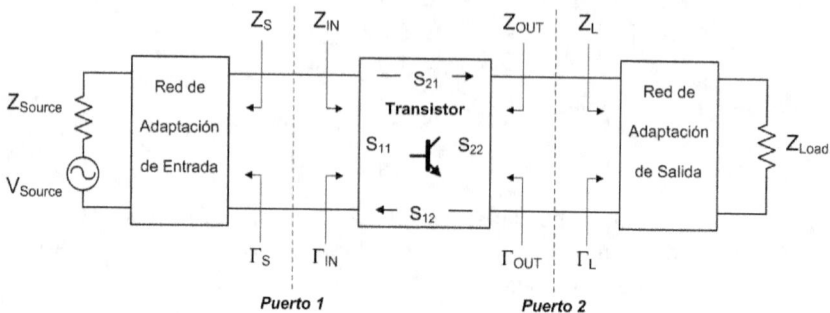

Figura 5.2: Amplificador de microondas completo.

solamente haremos una breve descripción de cada ganancia y la ecuación de cálculo, en la bibliografía se pueden hallar mayores detalles a cerca de estos conceptos.

A continuación se comenzará a utilizar la palabra "Transducción" o "Transductor" en los distintos tipos de ganancia del amplificador. Este vocablo era utilizado antiguamente para denotar una red de dos puertos donde la entrada y la salida se definen entre dos pares de polos únicos, diferenciándolo del cuadripolo, en el que la entrada y la salida se podrían definir entre cualquiera de sus cuatro polos [2]. Esta distinción es un poco antigua y la palabra "transductor" ha quedado en desuso, salvo en algunos temas particulares en los que se la arrastra hasta la actualidad, como es el caso de la ganancia de amplificadores de microondas de baja señal. El vocablo no es muy usado en la bibliografía en español (escasa o nula en estos temas), pero sí en las referencias básicas empleadas en este texto, todas en idoma inglés, por lo cual se conserva este vocablo y se incluye la definición original en inglés. Así, por ejemplo, la primera definición que se ve es la denominada *Transducer Power Gain*, cuya traducción pude ser Ganancia de Potencia de Transducción (es la que se utiliza en este trabajo) o bien Ganancia de Transductor de Potencia.

5.3.1. Ganancia de Potencia de Transducción

(Transducer Power Gain, G_T) Es la ecuación de ganancia de potencia más general del amplificador y también la más utilizada. Justamente a esta ecuación se hace referencia cuando se habla simplemente de "ganancia".

---

[2]Ver S. A. Schelkunoff y H. T. Friis, *Antenna Theory and Practice*, pag. 290, Bell Telephone Laboratories, USA, 1952.

5.3. Ecuaciones de Ganancias de Potencia

Supongamos que se desea medir en el laboratorio la ganancia de un amplificador, visto como caja negra, con un generador de señales y un medidor de potencia. Primero se conecta el medidor de potencia directamente al generador y se mide la potencia que este entrega. Como las impedancias están perfectamente adaptadas, esta es la máxima potencia que puede entregar el generador y la llamaremos Potencia Disponible (P_{AVS}). Luego, se conecta el generador a la entrada del amplificador y la carga en su salida, y con el medidor de potencia se mide la potencia disipada en la carga, a la cual llamamos Potencia Disipada (P_L). La ganancia de potencia provista por amplificador está dada por la relación entre la Potencia Disipada y la Potencia Disponible [46]. A este valor de ganancia se la denomina Ganancia de Potencia de Transducción y se define como la relación entre la Potencia Entregada a la Carga y la Potencia Disponible de la Fuente:

$$G_T = \frac{P_L}{P_{AVS}} = \frac{\text{Potencia Entregada a la Carga}}{\text{Potencia Disponible de la Fuente}}$$

Utilizando cualquiera de las técnicas indicadas en la bibliografía, se deduce que la Ganancia de Potencia de Transducción está dada por:

$$G_T = \frac{|S_{21}|^2 \left(1 - |\Gamma_S|^2\right)\left(1 - |\Gamma_L|^2\right)}{|(1 - S_{11}\Gamma_S)(1 - S_{22}\Gamma_L) - S_{21}S_{12}\Gamma_S\Gamma_L|^2} \tag{5.16}$$

O bien, sus dos formas más conocidas en el diseño de amplificadores de microondas de baja señal [40][42]:

$$G_T = \frac{1 - |\Gamma_S|^2}{|1 - \Gamma_{\text{IN}}\Gamma_S|^2}|S_{21}|^2\frac{1 - |\Gamma_L|^2}{|1 - S_{22}\Gamma_L|^2} \tag{5.17}$$

$$G_T = \frac{1 - |\Gamma_S|^2}{|1 - S_{11}\Gamma_S|^2}|S_{21}|^2\frac{1 - |\Gamma_L|^2}{|1 - \Gamma_{\text{OUT}}\Gamma_L|^2} \tag{5.18}$$

Esta ganancia, en cualquiera de sus formas, constituye la ecuación más general de la ganancia del amplificador, está definida para cualquier condición de impedancia de fuente y de carga, y representa la ganancia total del amplificador tomado como un solo bloque (ganancia comprendida entre la fuente de señal y la carga). Las últimas dos ecuaciones son las formas que más se utilizan habitualmente.

Se observa que la ganancia G_T depende de los coeficientes de reflexión en la fuente y en la carga, es decir, de la adaptación de impedancia en ambos puertos. En el caso especial en que los acoplamientos se diseñen de forma tal que no se produzcan reflexiones, es decir $\Gamma_s = 0$ y $\Gamma_L = 0$, se verifica:

$$G_T = |S_{21}|^2 \tag{5.19}$$

es decir, la ganancia total de potencia del amplificador es igual a la ganancia del transistor (Parámetros-S de transferencia directa). En general, esta última ecuación es referida en los textos simplemente como Ganancia de Potencia.

5.3.2. Ganancia de Potencia de Transducción Máxima

(Máximum Transducer Power Gain, $G_{T,max}$) Es la Ganancia de Potencia de Transducción para el caso particular de adaptación conjugada simultánea en la entrada y la salida del amplificador, es decir:

$$\Gamma_{IN} = \Gamma_S^* \quad y \quad \Gamma_{OUT} = \Gamma_L^*$$

Reemplazando estas condiciones en la ecuación (5.17), se obtiene la ganancia de transducción máxima:

$$G_{T,max} = \frac{1}{1 - |\Gamma_S|^2} |S_{21}|^2 \frac{1 - |\Gamma_L|^2}{|1 - S_{22}\Gamma_L|^2} \tag{5.20}$$

o bien, reemplazando en la ecuación (5.18) se obtiene la otra forma de ganancia máxima de transducción:

$$G_{T,max} = \frac{1 - |\Gamma_S|^2}{|1 - S_{11}\Gamma_S|^2} |S_{21}|^2 \frac{1}{1 - |\Gamma_L|^2}$$

Estas ecuaciones serán analizadas con más detalle en el capítulo correspondiente al diseño del amplificador [40][42].

5.3.3. Ganancia de Potencia

(Power Gain, G_P) También llamada Ganancia de Potencia Operativa *(Operating Power Gain)*, se define como la relación entre la Potencia Entregada a la Carga y la Potencia en la Entrada de la Red:

$$G_P = \frac{P_L}{P_{IN}} = \frac{\text{Potencia Entregada a la Carga}}{\text{Potencia en la Entrada de la Red}}$$

Calculada en función de los coeficientes de reflexión y los Parámetros-S del amplificador [40][42]:

$$G_P = \frac{1}{1 - |\Gamma_{IN}|^2} |S_{21}|^2 \frac{1 - |\Gamma_L|^2}{|1 - S_{22}\Gamma_L|^2} \tag{5.21}$$

5.3. Ecuaciones de Ganancias de Potencia

Observar que no depende ni de las variables del puerto de entrada, Z_S y Γ_S. Esta ecuación resulta de considerar adaptación total entre la fuente de señal y la entrada del amplificador, y valuar esta condición en la ecuación de la Ganancia de Transducción G_T, es decir, representa la ganancia comprendida entre la entrada del transistor y la carga [45].

5.3.4. Ganancia de Potencia Disponible

(Available Power Gain, G_A) Se define como la relación entre la Potencia Disponible de la Red y la Potencia Disponible de la Fuente:

$$G_A = \frac{P_{\text{AVN}}}{P_{\text{AVS}}} = \frac{\text{Potencia Disponible de la Red}}{\text{Potencia Disponible de la Fuente}}$$

Calculada en función de los coeficientes de reflexión y los Parámetros-S del amplificador [40][42]:

$$G_A = \frac{1 - |\Gamma_S|^2}{|1 - S_{11}\Gamma_S|^2} |S_{21}|^2 \frac{1}{1 - |\Gamma_{\text{OUT}}|^2} \tag{5.22}$$

Observar que no depende de las variables del puerto de salida, Z_L y Γ_L. Esta ecuación resulta de considerar adaptación total entre la carga y la salida del amplificador, y valuar esta condición en la ecuación de la Ganancia de Transducción G_T, representando entonces la ganancia comprendida entre la fuente de señal y la salida del transistor [45].

5.3.5. Unilateralización

Se ha mencionado ya la condición de una incidencia mutua entre los circuitos de entrada y de salida del amplificador, debido al efecto de transferencia de los parámetros S_{21} y S_{12}, que provoca un flujo de potencia en ambas direcciones a través de la red, el primero desde la entrada hacia la salida y el segundo desde la salida hacia la entrada.

El efecto de transferencia directa es deseable en las etapas amplificadoras, y cuanto mayor sea el parámetro S_{21}, mayor potencia disponible se tendrá en la salida. El efecto contrario, el de transferencia inversa, representa un efecto de realimentación no deseado en un amplificador, y cuanto menor sea, mejores serán las condiciones de diseño.

Dado que se tienen efectos de ganancia en ambas direcciones (aunque una mucho menor a la otra), se dice que el transistor, o la etapa amplificadora, es *Bilateral*.

No obstante, y aunque no puede tomarse como regla general, en la mayoría de los transistores de RF/MW el factor de realimentación S_{12} es mucho menor que la ganancia directa S_{21}. En otras palabras, en amplificadores el flujo de potencia desde la entrada de la red hacia su salida, es muchas veces mayor al flujo no deseado que se deriva desde la salida hacia la entrada, por lo cual este último puede ser despreciado. Es decir, el parámetro de transmisión inversa puede ser considerado nulo ($S_{12} = 0$) [3]. De esta forma se facilitan los cálculos y no se introduce un error apreciable. En este caso, se dice que la red de dos puertos es *Unilateral*, y la consideración de hacer $S_{12} = 0$ se denomina *Unilateralización*, puesto que significa considerar el flujo de potencia en un solo sentido, el directo.

La condición Unilateral resulta muy ventajosa en el diseño de amplificadores, ya que además de simplificar enormemente los cálculos y las ecuaciones, tal como se verá a continuación, también disminuye la interacción entre los circuitos de salida y entrada, logrando que la entrada no afecte a la salida y la salida no afecte a la entrada.

5.3.6. Coeficientes de Reflexión en el caso Unilateral

Suponiendo una etapa amplificadora unilateral, es decir $S_{12} = 0$, las ecuaciones de los coeficientes de reflexión de entrada y salida se ven notoriamente simplificadas. Haciendo $S_{12} = 0$ en las ecuaciones (5.14) y (5.15), lo coeficientes de reflexión de entrada y salida resultan:

$$\Gamma_{IN}|_{S_{12}=0} = \left(S_{11} + \frac{S_{12}S_{21}\Gamma_L}{1 - S_{22}\Gamma_L} \right)\Bigg|_{S_{12}=0} = S_{11}$$

$$\Gamma_{OUT}|_{S_{12}=0} = \left(S_{22} + \frac{S_{12}S_{21}\Gamma_S}{1 - S_{11}\Gamma_S} \right)\Bigg|_{S_{12}=0} = S_{22}$$

Se observa que al unilateralizar el transistor, se elimina de las ecuaciones de coeficientes de reflexión el efecto el puerto opuesto, Γ_L sobre Γ_{IN}, y Γ_S sobre Γ_{OUT}.

Entonces, para una etapa unilateral ($S_{12} = 0$) se verifica :

$$\Gamma_{IN} = S_{11} \quad y \quad \Gamma_{OUT} = S_{22} \tag{5.23}$$

---

[3]Esto es especialmente notorio en los transistores más nuevos. Incluso, en los dispositivos activos más recientes, justamente debe tenerse cuidado en su tendencia a oscilar, puesto que las tecnologías más recientes logran transistores cuya ganancia directa es verdaderamente alta.

5.3.7. Adaptación Conjugada Simultánea en Etapa Unilateral

Si la etapa es unilateral y además se tiene la condición de adaptación conjugada simultánea en entrada y salida, las ecuaciones de impedancia y coeficientes de reflexión se simplifican enormemente, quedando simplemente como:

$$
\begin{aligned}
Z_S &= Z_{IN}^* &\Rightarrow\quad \Gamma_S &= \Gamma_{IN}^* = S_{11}^* \\
Z_L &= Z_{OUT}^* &\Rightarrow\quad \Gamma_L &= \Gamma_{OUT}^* = S_{22}^*
\end{aligned}
\tag{5.24}
$$

5.3.8. Ganancia de Potencia de Transducción Unilateral

(Unilateral Transducer Power Gain, G_{TU}) En el apartado anterior se vio que al unilateralizar la etapa se verifica que $\Gamma_{IN} = S_{11}$ y $\Gamma_{OUT} = S_{22}$. Introduciendo estos valores en la ecuación general de ganancia de potencia del amplificador (ganancia de potencia de transducción G_T), se obtiene la Ganancia de Potencia de Transducción Unilateral [4]:

$$
G_{TU} = \frac{1 - |\Gamma_S|^2}{|1 - S_{11}\Gamma_S|^2} |S_{21}|^2 \frac{1 - |\Gamma_L|^2}{|1 - S_{22}\Gamma_L|^2}
\tag{5.25}
$$

Se puede ver que esta ecuación es el producto de tres factores. El primero depende del parámetro S_{11} del transistor y del coeficiente de reflexión en la fuente Γ_S; el segundo depende del parámetro S_{21} del transistor; y el tercero depende del parámetro S_{22} y del coeficiente de reflexión en la carga Γ_L. Así, puede pensarse esta ecuación como el producto de tres ganancias distintas e independientes entre sí [40][42]:

$$
G_{TU} = G_S \cdot G_0 \cdot G_L
\tag{5.26}
$$

donde

$$
G_S = \frac{1 - |\Gamma_S|^2}{|1 - S_{11}\Gamma_S|^2}
$$

$$
G_0 = |S_{21}|^2
\tag{5.27}
$$

$$
G_L = \frac{1 - |\Gamma_L|^2}{|1 - S_{22}\Gamma_L|^2}
$$

---

[4]Esta ganancia es referida en los texto en idioma español como Ganancia de Potencia Unilateral, o bien simplemente Ganancia Unilateral.

o bien en decibeles

$$G_{TU} \text{ [dB]} = G_S \text{ [dB]} + G_0 \text{ [dB]} + G_L \text{ [dB]} \qquad (5.28)$$

Ahora el amplificador puede pensarse como una cadena de tres bloques de ganancia (o atenuaciones) distintos e independientes, tal como se indica en la Figura 5.3. De acuerdo a la ecuación 5.27, el primer bloque es la red

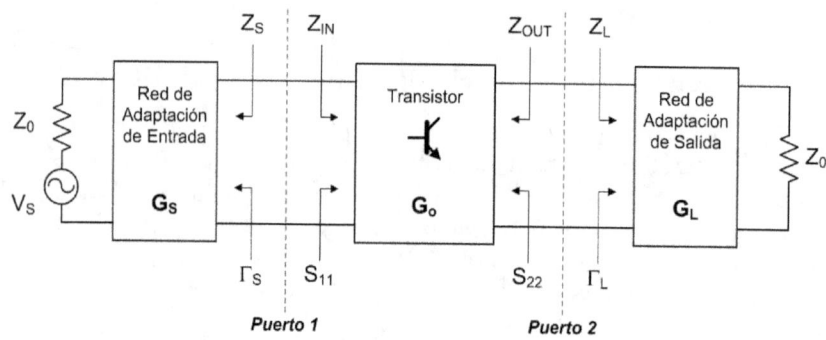

Figura 5.3: Amplificador como cadena de tres bloques de ganancias.

de adaptación de entrada, la cual determina el valor de Γ_S (o de Z_S) y por consiguiente de la ganancia G_S. El segundo bloque representa la ganancia del transistor. El tercer bloque es la red de adaptación de salida, que determina el valor de Γ_L (o de Z_L) y por consiguiente de la ganancia G_L [40][42][36]. Notar que aquí se consideran las impedancias de fuente y de carga directamente igual a la impedancia característica del sistema ($Z_0 = 50$ Ω).

Los términos G_S y G_L representan las ganancias o atenuaciones provocadas por las adaptaciones (o desadaptaciones) en los circuitos de entrada y salida respectivamente. El factor (o bloque) G_S define la adaptación o desadaptación entre Γ_S y S_{11}, y el factor (o bloque) G_L define el grado de adaptación entre Γ_L y S_{22}. En general, la impedancia de fuente y la impedancia de carga se hallan desadaptadas a la entrada y salida del transistor respectivamente. Las redes de adaptación, también llamadas "acopladores" son circuitos (generalmente pasivos) que adaptan o transforman estas impedancias, la de fuente a la entrada del transistor y la de carga a su salida, por lo que disminuyen las pérdidas por desadaptación. Esta disminución de pérdidas es vista como una ganancia, y por este motivo se considera que estos bloques aportan las ganancias G_S y G_L, aunque en rigor, pueden tomar cualquier valor, incluso menores a la unidad (atenuación).

5.3. Ecuaciones de Ganancias de Potencia

La ganancia G_0 es fija, dado que es un parámetro propio del transistor (a una frecuencia y polarización), mientras que las ganancias G_S y G_L pueden controlarse variando el diseño de las redes de adaptación de impedancias. Si se optimizan las redes para que G_S y G_L presenten sus valores máximos, se obtiene el máximo valor de ganancia de potencia de transducción unilateral, que se verá seguidamente.

5.3.9. Ganancia de Potencia de Transducción Unilateral Máxima

(Maximum Unilateral Transducer Power Gain, $G_{TU,max}$) En la Figura 5.3, y considerando un transistor unilateral ($S_{12} = 0$), los máximos valores de G_S y G_L se dan cuando se adaptan las impedancias en ambos puertos, es decir:

$$\Gamma_S = S_{11}^* \quad y \quad \Gamma_L = S_{22}^*$$

Reemplazando estas condiciones en (5.27) y considerando que

$$|S_{ij}| = \left|S_{ij}^*\right| \quad y \quad S_{ij}S_{ij}^* = |S_{ij}|^2$$

se obtiene:

$$G_{S,max} = \frac{1}{1 - |S_{11}|^2}$$

$$G_0 = |S_{21}|^2 \tag{5.29}$$

$$G_{L,max} = \frac{1}{1 - |S_{22}|^2}$$

quedando la ecuacion (5.26) como

$$G_{TU,max} = G_{S,max} \cdot G_0 \cdot G_{L,max} \tag{5.30}$$

Luego, la Ganancia de Potencia de Transducción Unilateral $G_{TU,max}$ se calcula como [40][42] [5]:

$$G_{TU,max} = \frac{1}{1 - |S_{11}|^2} |S_{21}|^2 \frac{1}{1 - |S_{22}|^2} \tag{5.31}$$

---

[5]En textos en idioma español, esta ecuación suele ser llamada "GUM", como acrónimo de Ganancia Unilateral Máxima.

Siguiendo la metodología de asignar factores de ganancia a cada bloque del amplificador, esta última ecuación de ganancia unilateral máxima se puede representar mediante el diagrama de la Figura 5.4.

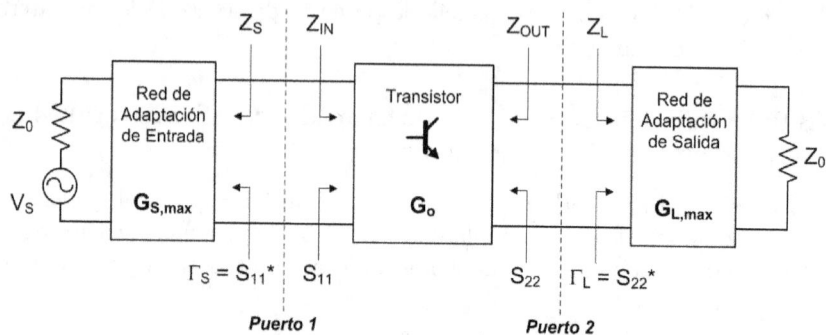

Figura 5.4: Diagrama en bloques del amplificador unilateral con ganancia máxima.

5.3.10. Ganancia de Potencia Unilateral Máxima

(Maximum Unilateral Power Gain, $G_{PU,max}$) Observar que en el caso unilateral se verifica

$$\Gamma_{IN} = S_{11} \quad y \quad \Gamma_{OUT} = S_{22}$$

y el máximo valor de G_{TU} ocurre cuando

$$\Gamma_S = S_{11}^* = \Gamma_{IN}^* \quad y \quad \Gamma_L = S_{22}^* = \Gamma_{OUT}^*$$

Luego, reemplazando estas condiciones en la ecuación de Ganancia de Potencia (5.21), se obtiene la Ganancia de Potencia Unilateral Máxima:

$$G_{PU,max} = \frac{1}{1 - |S_{11}|^2} |S_{21}|^2 \frac{1}{1 - |S_{22}|^2} \tag{5.32}$$

5.3.11. Ganancia de Potencia Disponible Unilateral Máxima

(Maximum Unilateral Available Gain, $G_{AU,max}$) Procediendo de la misma forma que en el caso anterior, considerando que $\Gamma_{IN} = S_{11}$, $\Gamma_{OUT} = S_{22}$, $\Gamma_S = S_{11}^* = \Gamma_{IN}^*$ y $\Gamma_L = S_{22}^* = \Gamma_{OUT}^*$, y reemplazando en la ecuación de

5.3. Ecuaciones de Ganancias de Potencia

Ganancia de Potencia Disponible (5.22), se obtiene la Ganancia de Potencia Disponible Unilateral Máxima:

$$G_{AU,max} = \frac{1}{1 - |S_{11}|^2} |S_{21}|^2 \frac{1}{1 - |S_{22}|^2} \tag{5.33}$$

5.3.12. Unilateralización y Adaptación Conjugada

De las secciones anteriores se deduce que para el caso particular en que se considera transistor unilateral y adaptación conjugada simultánea, es decir, se cumplen las siguientes condiciones:

$$S_{12} = 0$$
$$\Gamma_{IN} = S_{11}$$
$$\Gamma_{OUT} = S_{22}$$
$$\Gamma_S = S_{11}^* = \Gamma_{IN}^*$$
$$\Gamma_L = S_{22}^* = \Gamma_{OUT}^*$$

se verifica que las tres ganancias máximas son iguales:

$$G_{TU,max} = G_{PU,max} = G_{AU,max} \tag{5.34}$$

La aproximación de hacer unilateral el transistor suponiendo $S_{12} = 0$ simplifica enormemente los cálculos y las ecuaciones para el diseño, pero es necesario asegurar que dicha aproximación no introduce un error apreciable. En cada diseño debería verificarse que el parámetro S_{12} del transistor es suficientemente pequeño para ser despreciado, en caso contrario deberán utilizarse las ecuaciones completas. A continuación se verá una cifra que sirve de criterio para evaluar la validez de considerar unilateral al transistor. No obstante, en la gran mayoría de los transistores actuales, se puede realizar esta aproximación sin inconvenientes.

5.3.13. Figura de Mérito Unilateral

(Unilateral Figure of Merit, U) Para evaluar el grado de error que se comete al asumir $S_{12} = 0$, se analiza la relación entre las magnitudes G_T y G_{TU}. Partiendo de las ecuaciones (5.16) y (5.25), y operando matemáticamente la relación entre ambas es:

$$\frac{G_T}{G_{TU}} = \frac{1}{|1 - X^2|} \tag{5.35}$$

donde

$$X = \frac{S_{12}S_{21}\Gamma_S\Gamma_L}{(1 - S_{11}\Gamma_S)(1 - S_{22}\Gamma_L)} \tag{5.36}$$

La relación entre la Ganancia de Potencia de Transducción y la Ganancia de Potencia de Transducción Unilateral (5.35) es una medida del error que se comete al realizar la aproximación de suponer $S_{12} = 0$, o sea considerar unilateral la etapa. Así, por ejemplo, si esta relación fuese igual a 1 (uno), se daría el caso ideal en que ambas ganancias son iguales, y el error sería nulo. De acuerdo a los valores que puede tomar X, de la ecuación (5.35) se puede definir un entorno dentro del cual quedan contenidos los valores de G_T/G_{TU}, dado por:

$$\frac{1}{(1 + |X|)^2} < \frac{G_T}{G_{TU}} < \frac{1}{(1 - |X|)^2} \tag{5.37}$$

Este es el entorno dentro del cual queda definido el error de la aproximación.

Si se verifica que $\Gamma_S = S_{11}^*$ y $\Gamma_L = S_{22}^*$, entonces G_{TU} presenta su Valor Máximo $G_{TU,max}$. Por lo tanto, si se consideran estas condiciones en el intervalo del error, la desigualdad (5.37) indica el máximo error cometido en la Unilateralización:

$$\frac{1}{(1 + U)^2} < \frac{G_T}{G_{TU}} < \frac{1}{(1 - U)^2} \tag{5.38}$$

donde

$$U = \frac{|S_{12}|\,|S_{21}|\,|S_{11}|\,|S_{22}|}{(1 - |S_{11}|^2)(1 - |S_{22}|^2)} \tag{5.39}$$

Esta última ecuación (U) es conocida como Figura de Mérito Unilateral (*Unilateral Figure of Merit*), la cual varía con la frecuencia, debido a su dependencia de los parámetros del transistor. Las ecuaciones (5.38) y (5.39) definen entonces un método de cálculo para verificar si la aproximación de asumir $S_{12} = 0$ y Unilateralizar el amplificador es válida o no [40][42].

Una vez obtenidos los Parámetros-S del transistor para ser usados en el diseño del amplificador, para una frecuencia y polarización determinadas, se calcula la Figura de Mérito Unilateral U y se la introduce en las ecuaciones que definen los límites de la relación G_T/G_{TU}. Estos límites calculan el error máximo que se cometerá en la aproximación, si este error supera lo permitido, la aproximación no podrá ser realizada y se deberá considerar el valor de S_{12} en todas las ecuaciones [40][42].

5.3. Ecuaciones de Ganancias de Potencia

Como ya se ha mencionado, en la gran mayoría de los casos, y particularmente para los transistores de última generación, el parámetro S_{12} es muy pequeño y se puede asumir como cero sin mayores problemas, no obstante el diseñador debe tomar el recaudo de verificar si la aproximación es válida o no. En general, una diferencia de algunas décimas de decibel, o menos, en la ganancia con y sin la unilateralización, se considera como buena aproximación.

Capítulo 6

Estabilidad

Para iniciar el estudio de Estabilidad en el amplificador de microondas, y con el objeto de simplificar la explicación, primero se retoma el esquema del amplificador donde la fuente y la carga se conectan al mismo a través de sendas líneas de transmisión de longitud nula, tal como se indica en la Figura 6.1.

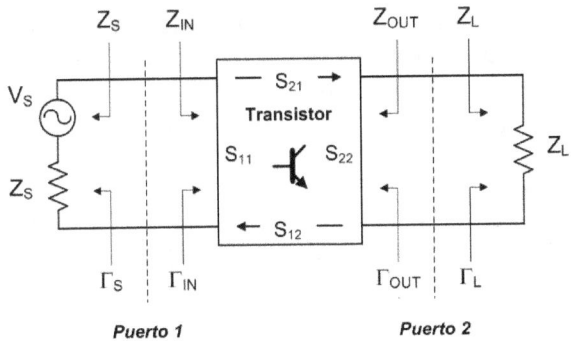

Figura 6.1: Amplificador sin las redes de acoplamiento.

Se considera también que las siguientes tres condiciones se incluyen mutuamente, es decir, cualquiera de ellas implica las otras dos:

- Una impedancia es pasiva (impedancia de algún elemento pasivo).

- El módulo del coeficiente de reflexión de ese elemento es menor a la unidad.

- La parte real de esa impedancia es mayor a cero.

Es decir, para que una red no oscile debe verificarse que la parte real de su impedancia total sea mayor que cero, lo cual es equivalente a decir que sea un elemento pasivo y también que el módulo de su coeficiente de reflexión sea menor a la unidad.

Una red de dos puertos presentará oscilaciones cuando alguno de sus puertos (o ambos) presenten resistencias negativas. En el caso del amplificador de la Figura 6.1, las oscilaciones pueden ocurrir si $|\Gamma_{IN}| > 1$ o $|\Gamma_{OUT}| > 1$. Por el contrario, la red será incondicionalmente estable, a una frecuencia dada, si la parte real de Z_{IN} y Z_{OUT} son mayores que 0 (cero) para todas las condiciones posibles de impedancias pasivas Z_S y Z_L:

$$\text{Re}(Z_{IN}) > 0 \quad y \quad \text{Re}(Z_{OUT}) > 0$$

La condición de estabilidad (no oscilación) para todo el sistema se presenta cuando la impedancia total de las mallas de entrada y salida del amplificador tienen sus partes reales mayores a 0 (cero) [40][46]

$$\text{Re}(Z_S + Z_{IN}) > 0 \quad y \quad \text{Re}(Z_{OUT} + Z_L) > 0$$

En general, se supone que tanto la impedancia de fuente como la impedancia de carga son siempre elementos pasivos, por lo que nunca tendrán parte real menor o igual a cero, y así, solamente Z_{IN} y Z_{OUT} podrían tomar valores cuya parte real sea negativa (resistencia negativa), lo cual implicaría que $|\Gamma_{IN}| > 1$ o $|\Gamma_{OUT}| > 1$.

Retornamos ahora al diagrama completo del amplificador, ya visto en el capítulo anterior y mostrado nuevamente en la Figura 6.2, y cuyas variables se resumen en la Tabla 6.1.

Dado que Γ_{IN} y Γ_{OUT} dependen de Γ_L y Γ_S respectivamente, la estabilidad del amplificador depende de los coeficientes de reflexión de fuente y de carga, según sean presentados por las redes de adaptación de entrada y salida, y también de los Parámetros-S propios del transistor.

6.1. Tipos de Estabilidad

Con las consideraciones vistas en la sección anterior, ya pueden definirse dos tipos de estabilidad: Condicional e Incondicional [36][40][42].

La Estabilidad Incondicional se da cuando las partes reales de Z_{IN} y Z_{OUT} son siempre mayores que 0 (cero) (o bien, $|\Gamma_{IN}| < 1$ y $|\Gamma_{OUT}| < 1$) para

6.1. Tipos de Estabilidad

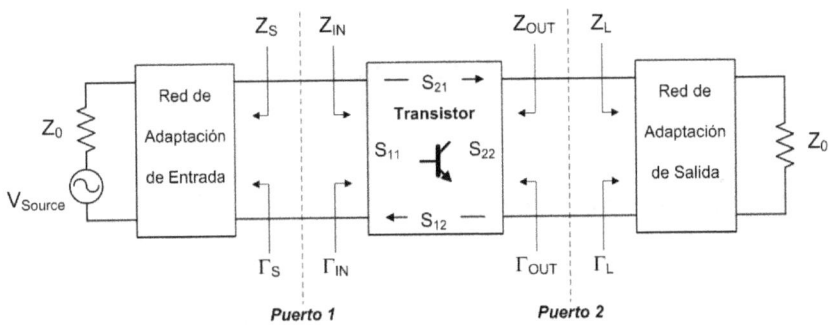

Figura 6.2: Amplificador de microondas completo.

Tabla 6.1: Variables del Amplificador.

	Coeficiente Reflexión	Impedancia	Ec.
Fuente	$\Gamma_S = \dfrac{Z_S - Z_0}{Z_S + Z_0}$	$Z_S = Z_0\dfrac{1 + \Gamma_S}{1 - \Gamma_S}$	(5.12)
Carga	$\Gamma_L = \dfrac{Z_L - Z_0}{Z_L + Z_0}$	$Z_L = Z_0\dfrac{1 + \Gamma_L}{1 - \Gamma_L}$	(5.13)
Entrada	$\Gamma_{IN} = S_{11} + \dfrac{S_{12}S_{21}\Gamma_L}{1 - S_{22}\Gamma_L} = \dfrac{Z_{IN} - Z_0}{Z_{IN} + Z_0}$	$Z_{IN} = Z_0\dfrac{1 + \Gamma_{IN}}{1 - \Gamma_{IN}}$	(5.14)
Salida	$\Gamma_{OUT} = S_{22} + \dfrac{S_{12}S_{21}\Gamma_S}{1 - S_{11}\Gamma_S} = \dfrac{Z_{OUT} - Z_0}{Z_{OUT} + Z_0}$	$Z_{OUT} = Z_0\dfrac{1 + \Gamma_{OUT}}{1 - \Gamma_{OUT}}$	(5.15)

cualquier valor de impedancias pasivas de fuente y carga, a una frecuencia determinada. Por el contrario, se tiene Estabilidad Condicional cuando las partes reales de Z_{IN} y Z_{OUT} son mayores que 0 (cero) (o bien, $|\Gamma_{IN}| < 1$ y $|\Gamma_{OUT}| < 1$) sólo para determinados valores (no para todos) de impedancias pasivas de fuente y carga, a una frecuencia determinada.

Como se explicará más adelante, existen formas de predecir, a partir de los Parámetros-S del transistor seleccionado, si el amplificador será estable incondicionalmente o bien presentará estabilidad condicional, y si es este el caso, cómo elegir los valores de impedancias apropiados para que el amplificador se mantenga estable. Justamente, de esto se trata el diseño para circuitos estables.

6.1.1. Estabilidad Incondicional

La red es incondicionalmente estable si $|\Gamma_{IN}| < 1$ y $|\Gamma_{OUT}| < 1$ para todas las impedancias pasivas de fuente y de carga, a la frecuencia considerada.

Considerando Z_S y Z_L siempre impedancias pasivas ($|\Gamma_S| < 1$ y $|\Gamma_L| < 1$), el amplificador será incondicionalmente estable si para cualquier valor de Z_L siempre la parte real de Z_{IN} es mayor a 0 (cero) y para cualquier valor de Z_S siempre la parte real de Z_{OUT} es mayor a 0 (cero). En ecuaciones, las condiciones necesarias para la Estabilidad Incondicional son:

$$|\Gamma_S| < 1 \tag{6.1}$$

$$|\Gamma_L| < 1 \tag{6.2}$$

$$|\Gamma_{\mathrm{IN}}| = \left| S_{11} + \frac{S_{12}S_{21}\Gamma_L}{1 - S_{22}\Gamma_L} \right| < 1 \tag{6.3}$$

$$|\Gamma_{\mathrm{OUT}}| = \left| S_{22} + \frac{S_{12}S_{21}\Gamma_S}{1 - S_{11}\Gamma_S} \right| < 1 \tag{6.4}$$

donde todos los coeficientes están normalizados a la impedancia característica del sistema Z_0. Observar que para el caso de un transistor unilateral, $S_{12} = 0$, y se reducen a:

$$|\Gamma_{\mathrm{IN}}| = |S_{11}| < 1 \tag{6.5}$$

$$|\Gamma_{\mathrm{OUT}}| = |S_{22}| < 1 \tag{6.6}$$

Las ecuaciones (6.1) y (6.2) establecen que las impedancias de fuente y de carga son pasivas. Las ecuaciones (6.3) y (6.4) (o bien, (6.5) y (6.6)) establecen que las impedancias de entrada y salida, con su dependencia de las de fuente y de carga, también deben ser pasivas y sus componentes resistivas son mayores a cero [40].

Entonces, expresando las condiciones para estabilidad incondicional en términos de impedancias:

6.1. Tipos de Estabilidad

$$\text{Re}(Z_S) > 0 \qquad (6.7)$$

$$\text{Re}(Z_L) > 0 \qquad (6.8)$$

$$\text{Re}(Z_{\text{IN}}) > 0 \qquad (6.9)$$

$$\text{Re}(Z_{\text{OUT}}) > 0 \qquad (6.10)$$

Las dos primeras son precondiciones de diseño, y las dos últimas son las condiciones que deben cumplirse, con cualquier valor de Z_S y Z_L, para que el sistema sea Incondicionalmente Estable.

6.1.2. Estabilidad Condicional

Si no se verifica la condición de estabilidad incondicional, la misma se dará bajo determinadas condiciones, es decir, será condicional .

La red es Condicionalmente Estable si se cumple $|\Gamma_{IN}| < 1$ y $|\Gamma_{OUT}| < 1$ sólo para un determinado conjunto de valores de impedancias pasivas de fuente y de carga. Es decir, algunos valores de Z_S o Z_L harán a la red estable, mientras que otros pueden provocar que las impedancias de entrada o salida presenten parte real negativa (resistencia negativa), generando oscilaciones. En estas condiciones, se dice que el amplificador presenta Estabilidad Condicional, o es Potencialmente Inestable.

La estabilidad depende de los Parámetros-S del transistor (además de otros factores, tales como temperatura), y por ende, de la frecuencia. Es decir, un amplificador que es estable a una frecuencia determinada, puede no serlo en otra frecuencia, lo cual debe ser tenido en cuenta en el diseño del mismo.

Las condiciones que cumplan simultáneamente las ecuaciones (6.1) a (6.4) obviamente establecen los requisitos necesarios y suficientes para lograr la estabilidad incondicional. Cuando esto no se cumple, la estabilidad es del tipo Condicional, y se deben buscar esas *condiciones* que hacen al amplificador estable. Es decir, se deben calcular los valores de Z_S y Z_L (o lo que es lo mismo, Γ_S y Γ_L) que deberán presentarse al amplificador para que este sea estable. Tales condiciones se analizan en la sección siguiente. Incluso, más que las soluciones en sí, se estudia un método gráfico de búsqueda de esas soluciones, que resulta en extremo interesante puesto que permite establecer conceptualmente un método de análisis de la estabilidad condicional y da una visión clara y general de las soluciones posibles para la estabilización del amplificador. Este método recibe el nombre de Círculos de Estabilidad, y se desarrolla en los parágrafos siguientes.

6.2. Círculos de Estabilidad

Si el amplificador no presenta estabilidad incondicional, puede lograrse estabilidad condicional. Esto implica hallar valores de Γ_S y Γ_L para los cuales el amplificador sea estable, logrando que $|\Gamma_{OUT}| < 1$ y $|\Gamma_{IN}| < 1$, o lo que es lo mismo, las partes reales de Z_{IN} y Z_{OUT} sean mayores a cero. De la misma forma, se pueden identificar los valores de Γ_S y Γ_L que hacen oscilar al amplificador. Es decir, en caso de que no se obtenga estabilidad incondicional, pueden hallarse las condiciones a cumplir para lograr la estabilidad en el amplificador. Estas soluciones condicionales pueden obtenerse realizando un análisis gráfico (en Carta de Smith) de las desigualdades (6.3) y (6.4), obteniéndose círculos que delimitan regiones de estabilidad o inestabilidad. Dichos círculos reciben el nombre de *Círculos de Estabilidad*, y para su estudio nos remitiremos nuevamente al esquema general del amplificador, explicado ya en secciones precedentes y mostrado nuevamente en la Figura 6.2. La demostración de la obtención de las ecuaciones de Centro y Radio de los Círculos de Estabilidad escapa al alcance del presente trabajo, y puede hallarse en la bibliografía de referencia [40][42].

Considerando entonces que se presenta estabilidad condicional, se deduce que habrá un conjunto de valores de Γ_S y Γ_L que provocan inestabilidad, o sea, que las impedancias Z_{OUT} y Z_{IN} tengan sus partes reales negativas, y por lo tanto produzcan oscilaciones en el amplificador. A su vez, se presentarán otros valores de Γ_S y Γ_L que hacen al amplificador estable. Es decir, se determinarán conjuntos de valores que provocan estabilidad y conjuntos que provocan inestabilidad. Como se verá, al graficar estos conjuntos en la Carta de Smith, podremos hablar de regiones o zonas de estabilidad e inestabilidad.

Entonces, para identificar el rango de valores de Γ_S y Γ_L que hacen estable al amplificador (condiciones para la estabilidad), se comienza buscando el conjunto de valores límites de Γ_S y Γ_L entre la condición estable e inestable, es decir, entre las regiones estable e inestable. El límite entre ambos conjuntos de valores se halla calculando los valores de Γ_S y Γ_L que hacen $|\Gamma_{OUT}| = 1$ y $|\Gamma_{IN}| = 1$, o sea, el conjunto de puntos que separan las condiciones de estabilidad e inestabilidad. En las desigualdades (6.3) y (6.4) la región límite se define cuando estas están igualadas a 1 (uno):

141

6.2. Círculos de Estabilidad

$$|\Gamma_{\text{IN}}| = \left| S_{11} + \frac{S_{12}S_{21}\Gamma_L}{1 - S_{22}\Gamma_L} \right| = 1$$

$$|\Gamma_{\text{OUT}}| = \left| S_{22} + \frac{S_{12}S_{21}\Gamma_S}{1 - S_{11}\Gamma_S} \right| = 1$$

Resolviendo estas igualdades, se encuentra que el conjunto de valores de Γ_S y Γ_L que las verifican están dados, respectivamente, por las siguientes ecuaciones:

$$\left| \Gamma_L - \frac{(S_{22} - \Delta S_{11}^*)^*}{|S_{22}|^2 - |\Delta|^2} \right| = \left| \frac{S_{12}S_{21}}{|S_{22}|^2 - |\Delta|^2} \right| \tag{6.11}$$

$$\left| \Gamma_S - \frac{(S_{11} - \Delta S_{22}^*)^*}{|S_{11}|^2 - |\Delta|^2} \right| = \left| \frac{S_{12}S_{21}}{|S_{11}|^2 - |\Delta|^2} \right| \tag{6.12}$$

donde

$$\Delta = S_{11}S_{22} - S_{12}S_{21} \tag{6.13}$$

y que responden a la forma general

$$|\Gamma - C| = r \tag{6.14}$$

Se demuestra que la gráfica de estas ecuaciones en el plano complejo de $\Gamma(.)$ son Círculos de Centro C y Radio r [40][42]. De esta manera, graficando las ecuaciones (6.11) y (6.12) en los planos complejos de Γ_L y Γ_S, se obtienen los círculos de Estabilidad de Salida y de Entrada respectivamente, cuyos centros y radios vienen dados por:

Círculo de Estabilidad de Salida
(Valores de Γ_L que hacen $|\Gamma_{IN}| = 1$):

$$\text{Radio: } r_L = \left| \frac{S_{12}S_{21}}{|S_{22}|^2 - |\Delta|^2} \right| \tag{6.15}$$

$$\text{Centro: } C_L = \frac{(S_{22} - \Delta S_{11}^*)^*}{|S_{22}|^2 - |\Delta|^2} \tag{6.16}$$

Círculo de Estabilidad de Entrada
(Valores de Γ_S que hacen $|\Gamma_{OUT}| = 1$)

$$\text{Radio: } r_S = \left| \frac{S_{12}S_{21}}{|S_{11}|^2 - |\Delta|^2} \right| \tag{6.17}$$

$$\text{Centro: } C_S = \frac{(S_{11} - \Delta S_{22}^*)^*}{|S_{11}|^2 - |\Delta|^2} \tag{6.18}$$

En ambos círculos:

$$\Delta = S_{11}S_{22} - S_{12}S_{21} \tag{6.19}$$

Observar que el Círculo de Estabilidad de Salida resulta de evaluar las condiciones de carga del Puerto de Entrada y el Círculo de Estabilidad de Entrada resulta de evaluar las condiciones de estabilidad del Puerto de Salida.

De esta forma, para un conjunto de Parámetros-S de una red de dos puertos a una frecuencia determinada, los Círculos de Estabilidad de Salida y Entrada se dibujan en las cartas de Smith de Γ_L y Γ_S, y allí se observan los valores de Γ_L y Γ_S que hacen $|\Gamma_{IN}| = 1$ y $|\Gamma_{OUT}| = 1$ respectivamente, tal como se indica en la Figura 6.3.

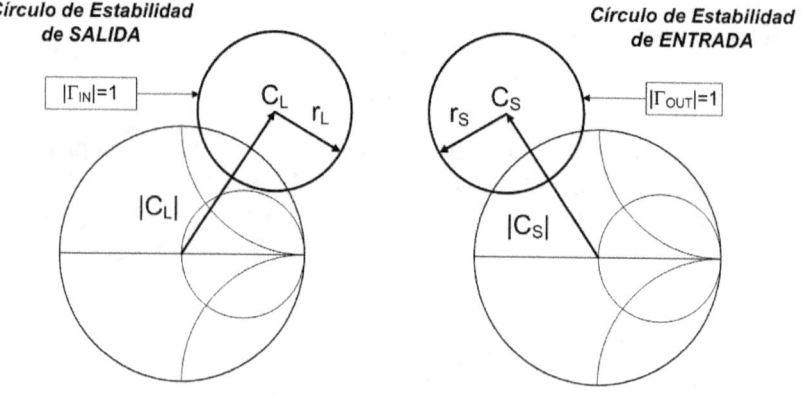

Figura 6.3: Círculos de estabilidad de entrada y salida.

Se observa que los Círculos de Estabilidad de Entrada y Salida son los lugares geométricos de todos los valores de los planos de Γ_S y Γ_L para los cuales se verifica $|\Gamma_{OUT}| = 1$ y $|\Gamma_{IN}| = 1$ respectivamente, dibujados sobre la Carta de Smith. Los círculos de estabilidad marcan el límite de separación entre las zonas que producen oscilaciones, o inestabilidad, y las que no. Justo sobre le círculo mismo, se verifica que el módulo de los coeficientes de reflexión

6.3. Estabilidad en el Amplificador

de entrada y salida son iguales a 1 (uno). Lo importante es la intersección de los círculos y la carta, hacia un lado de esta línea se hallan valores que provocan estabilidad y hacia el otro lado valores que provocan oscilaciones.

Así, en el Círculo de Estabilidad de Salida, hacia un lado se encuentran los Γ_L que hacen $|\Gamma_{IN}| < 1$ (estabilidad) y hacia el otro lado los Γ_L que hacen $|\Gamma_{IN}| > 1$ (inestabilidad). De la misma forma, en el Círculo de Estabilidad de Entrada, hacia un lado del círculo se hallan valores de Γ_S que hacen $|\Gamma_{OUT}| < 1$ (estabilidad), y hacia el lado opuesto están los Γ_S que hacen $|\Gamma_{OUT}| > 1$ (inestabilidad). Por todo esto es que puede hablarse de Regiones o Zonas de Estabilidad e Inestabilidad, tanto en la Entrada como en la Salida.

En cada caso, los círculos de estabilidad dibujados en la Carta de Smith constituyen los límites entre las regiones estable e inestable, pero resta definir cuál conjunto provoca cada una de las situaciones, es decir, se tiene que determinar cuál es la región a ambos lados de cada círculo que contiene los valores de impedancias (o coeficientes de reflexión) que aseguran estabilidad y cuáles no. En otras palabras, se busca averiguar si la región estable es el interior o el exterior de los círculos.

6.3. Estabilidad en el Amplificador

Se ha visto que los círculos de estabilidad en la Carta de Smith son básicamente el límite entre las regiones de estabilidad e inestabilidad, pero aún no sabemos cuál de las regiones pertenece a situaciones de estabilidad y cuál a situaciones de inestabilidad. Para averiguar esto se realiza un simple análisis en el que se tienen en cuenta diversas condiciones, que se detallan a continuación.

- $|\Gamma_S| < 1$ y $|\Gamma_L| < 1$

Como ya se ha indicado repetidamente, el diseño de amplificadores que aquí se presenta solo es válido para impedancias de fuente y de cargas pasivas, o lo que es lo mismo, $|\Gamma_S| < 1$ y $|\Gamma_L| < 1$. Por lo tanto, sólo se consideran estos casos para la selección de la zona de estabilidad, quedando totalmente excluidos los casos en que los coeficientes de reflexión, tanto de fuente como de carga, son mayores o iguales a uno. Es decir, solamente se consideran los Γ_S y Γ_L que se ubican dentro de la Carta de Smith, excluyendo aquellos cuyos módulos los sitúa fuera de la misma.

- $|S_{11}| < 1$ y $|S_{22}| < 1$

En verdad, esta condición no tiene que cumplirse rigurosamente en la totalidad de los casos, sin embargo son condiciones que se verifican en la casi totalidad de los transistores actuales. Es muy poco probable que un fabricante produzca un transistor con $S_{11} > 1$ o $S_{22} > 1$, puesto que esto lo haría intrínsecamente inestable y aunque se tomen medidas de diseño para estabilizar la red, el dispositivo tendría una tendencia natural a la oscilación que lo convertirían en mal candidato para un amplificador. Lo más probable es que el diseñador seleccione otro transistor [1]. Por este motivo, en el análisis de estabilidad del amplificador de microondas del presente trabajo se considera siempre que $|S_{11}| < 1$ o $|S_{22}| < 1$, lo cual corresponde a las aplicaciones reales.

6.3.1. Determinación de la Zona de Estabilidad

Ahora, con las consideraciones mencionadas, debe determinarse si los valores de Γ_S que hacen $|\Gamma_{OUT}| < 1$ están dentro o fuera del Círculo de Estabilidad de Entrada, y si los valores de Γ_L que hacen $|\Gamma_{IN}| < 1$ están dentro o fuera del Círculo de Estabilidad de Salida. Para resolver esto, se considera el caso de impedancias adaptadas en ambos círculos de estabilidad. Es decir, observando las figuras 6.1 y 6.2, se hará $Z_L = Z_0$ para el Círculo de Estabilidad de Salida y $Z_S = Z_0$ para el Círculo de Estabilidad de Entrada.

Círculos de Estabilidad de Salida

Si se verifica $Z_L = Z_0$, entonces $\Gamma_L = 0$ (centro de la Carta de Smith), y por la ecuación (6.3) se cumple que $|\Gamma_{IN}| = |S_{11}|$. En estas condiciones, como $|S_{11}| < 1$, entonces $|\Gamma_{IN}| < 1$ cuando $\Gamma_L = 0$, por lo tanto el centro de la Carta de Smith pertenece a la región de Estabilidad. Se concluye entonces que la zona que contiene al centro de la carta es la región de estabilidad, es decir, que contiene el conjunto de valores de Z_L y Γ_L que hacen estable al amplificador. Puesto en forma de ecuaciones:

$$Z_L = Z_0 \Rightarrow \Gamma_L = 0 \Rightarrow |\Gamma_{IN}| = |S_{11}| < 1 \Rightarrow \text{CENTRO Zona Estable}$$

En la Figura 6.4 se grafica la situación explicada, para ambos casos: cuando el centro de la carta queda afuera y adentro del círculo de estabilidad.

En la parte (a) de la figura el centro de la carta está fuera del círculo de estabilidad y por lo tanto la zona estable es el exterior del mismo, mientras que en la parte (b) la zona estable es la parte interna del círculo de estabilidad que cruza la Carta de Smith, puesto que allí se incluye el centro de la misma.

---

[1]Los casos donde $S_{11} > 1$ o $S_{22} > 1$ pueden presentarse en algunos transistores que son especialmente diseñados y producidos para ser utilizados en Osciladores (ej: Nec NE944), o bien, en algunos transistores viejos en frecuencias que se alejan de las frecuencias de trabajo aconsejadas por el fabricante.

6.3. Estabilidad en el Amplificador

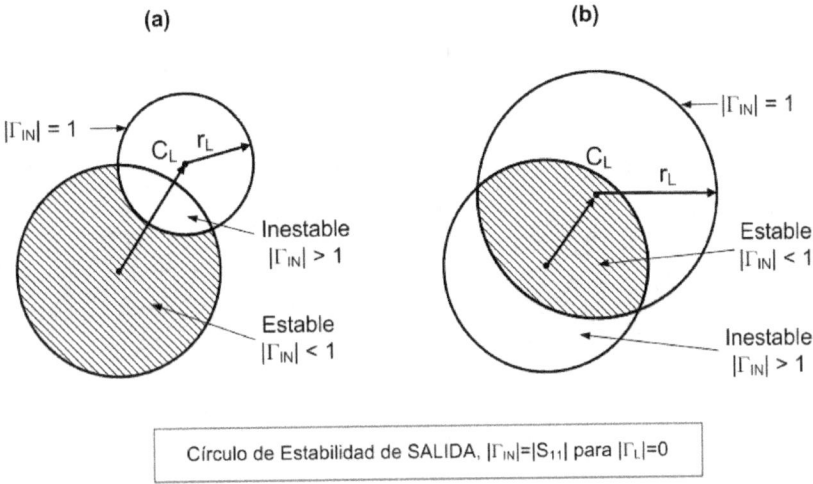

Figura 6.4: Región estable en círculos de estabilidad de salida.

Círculos de Estabilidad de Entrada

Si se verifica $Z_S = Z_0$, entonces $\Gamma_S = 0$ (centro de la Carta de Smith), y por la ecuación (6.4) se cumple que $|\Gamma_{OUT}| = |S_{22}|$. De esta manera, como $|S_{22}| < 1$, entonces $|\Gamma_{OUT}| < 1$ cuando $\Gamma_S = 0$, por lo que el centro de la Carta de Smith pertenece a la región de Estabilidad. Se concluye también aquí que la zona que encierra al centro de la carta es la región de estabilidad, o sea, contiene el conjunto de valores de Z_S y Γ_S que hacen estable al amplificador. En ecuaciones:

$$Z_S = Z_0 \Rightarrow \Gamma_S = 0 \Rightarrow |\Gamma_{OUT}| = |S_{22}| < 1 \Rightarrow \text{CENTRO Zona Estable}$$

En la Figura 6.5 se grafica la situación explicada, para ambos casos: cuando el centro de la carta queda afuera y adentro del círculo de estabilidad.

En forma similar al caso anterior, en la parte (a) de la figura el centro de la carta está fuera del círculo de estabilidad y por lo tanto la zona estable queda en su exterior, en tanto que en la parte (b) de la figura la zona estable es la intersección entre el círculo de estabilidad y la carta de Smith, debido a que allí se ubica el centro de la carta.

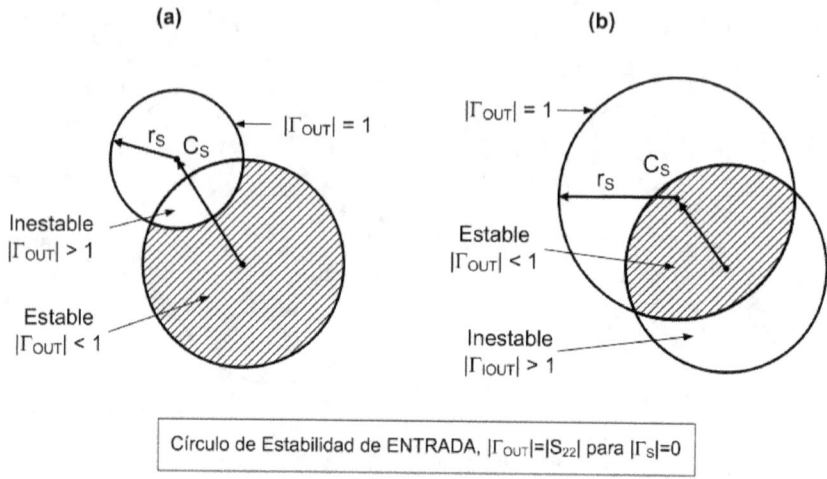

Figura 6.5: Región estable en círculos de estabilidad de entrada.

6.4. Análisis de Estabilidad Incondicional

La estabilidad incondicional sólo puede darse cuando todos los coeficientes de reflexión del sistema son menores a la unidad, es decir:

$$|S_{11}| < 1 \quad y \quad |S_{22}| < 1$$

$$|\Gamma_S| < 1 \quad y \quad |\Gamma_L| < 1$$

$$|\Gamma_{IN}| < 1 \quad y \quad |\Gamma_{OUT}| < 1$$

y estas condiciones deben cumplirse para cualquier valor de impedancias de fuente y de carga, o lo que es lo mismo, para cualquier valor de Γ_S y Γ_L. Esto significa que los círculos de estabilidad deben quedar completamente fuera de la Carta de Smith, o bien encerrarla completamente, como se deduce del análisis de la sección anterior (figuras 6.4 y 6.5).

Basándonos en un análisis gráfico, y considerando las dimensiones de los centros y radios de los círculos, la situación de estabilidad incondicional para cualquier valor de impedancia pasiva de fuente y de carga, puede ser expresada de la siguiente forma:

6.4. Análisis de Estabilidad Incondicional

$$||C_L| - r_L| > 1 \text{ para } |S_{11}| < 1 \qquad (6.20)$$

$$||C_S| - r_S| > 1 \text{ para } |S_{22}| < 1 \qquad (6.21)$$

Observar que estas condiciones son válidas tanto para el caso en que el círculo de estabilidad esté totalmente fuera de la carta, o bien, si el círculo encierra totalmente a la misma. Utilizando estas condiciones en las ecuaciones (6.1), (6.2), (6.3) y (6.4), se demuestra que la condición necesaria y suficiente para la estabilidad incondicional puede expresarse matemáticamente mediante dos desigualdades [34][35][40][42]:

$$K = \frac{1 - |S_{11}|^2 - |S_{22}|^2 + |\Delta|^2}{2|S_{12}S_{21}|} > 1 \qquad (6.22)$$

$$|\Delta| = |S_{11}S_{22} - S_{12}S_{21}| < 1 \qquad (6.23)$$

Estas condiciones son necesarias y suficientes para que haya estabilidad incondicional, y deben cumplirse simultáneamente para que el amplificador sea estable para cualquier valor de impedancias de fuente y de carga. En caso que alguna estas de estas desigualdades no se cumpla, se tendrá estabilidad condicional y se deberán trazar los círculos de estabilidad para establecer las regiones de de Γ_S y Γ_L que aseguran estabilidad [40][42]. Se recuerda que también debe verificarse $|S_{11}| < 1$ y $|S_{22}| < 1$ para obtener estabilidad incondicional. Este método suele llamarse "K-Δ Test" y el factor K definido en la ecuación (6.22) recibe el nombre de Coeficiente de Rollet .

Observar que el criterio de Rollet sólo establece una condición para decidir si el amplificador presenta estabilidad condicional o incondicional. En caso de no presentarse estabilidad incondicional ($K < 1$), el Coeficientes de Rollet no aporta ninguna información relacionada con las condiciones de estabilidad o con la selección adecuada de valores de coeficientes de reflexión, para ello habrá que trazar los círculos de estabilidad.

También existe otro método para establecer el tipo de estabilidad que se presenta, que es menos usado, y se denomina "μ-Test", y y está dado por:

$$\mu = \frac{1 - |S_{11}|^2}{|S_{22} - \Delta S_{11}^*| + |S_{12}S_{21}|} > 1 \qquad (6.24)$$

Esta desigualdad, cuya deducción puede hallarse en los textos indicados en la bibliografía, permite comparar grados de estabilidad entre dos dispositivos, es decir, mientras mayor sea el valor de μ, mayor es el grado de estabilidad del amplificador [42][47].

6.5. Consideraciones de Diseño

En los distintos casos mostrados en las figuras 6.4 y 6.5, las zonas sombreadas indican las regiones estables, es decir, el conjunto de valores de coeficientes de reflexión de fuente y de carga que producen sistemas estables, y precisamente son estos los valores que deben elegirse para asegurar la estabilidad. Si al diseñar el amplificador se eligen valores de Γ_S y Γ_L ubicados fuera de la región de estabilidad, los coeficientes de reflexión de entrada o salida Γ_{IN} y Γ_{OUT} serán mayores a la unidad y el amplificador sería inestable.

En el caso que se presente estabilidad condicional, debe tenerse especial cuidado que los valores de Γ_S/Γ_L seleccionados para el diseño no estén demasiado próximos a las fronteras $|\Gamma_{IN}| = 1$ o $|\Gamma_{OUT}| = 1$, puesto que algunos factores, tales como la temperatura, ruido, envejecimiento del transistor, o simplemente su reemplazo, pueden provocar una alteración de los Parámetros-S del elemento activo, y por consiguiente que el radio o el centro del círculo de estabilidad se altere, cambiando la región de estabilidad y provocando oscilaciones. Los puntos que en un primer momento eran estables, luego pueden no serlo [36].

Aún cuando se seleccionen valores de Γ_S o Γ_L que originan que $|\Gamma_{OUT}| > 1$ o $|\Gamma_{IN}| > 1$, la red puede estabilizarse haciendo que las impedancias totales de las mallas de entrada y salida (Figura 6.1) tengan sus partes reales positivas ($Re\{Z_S + Z_{IN}\} > 0$) y ($Re\{Z_L + Z_{OUT}\} > 0$). Así, se puede estabilizar un amplificador mediante el agregado de resistencias en las mallas de entrada o salida, o bien mediante el agregado de realimentación negativa. No obstante son técnicas que en general se tratan de evitar debido a que reducen otros parámetros, tales como ganancia y figura de ruido. Para amplificadores de banda angosta condicionalmente estables se recomienda la selección adecuada de Γ_S y Γ_L.

Dado que los Parámetros-S se calculan para una frecuencia determinada, el análisis de estabilidad también. Por esto, cuando se tiene estabilidad condicional, se deberán calcular y dibujar círculos de estabilidad en distintas frecuencias, especialmente en aquellos puntos en los cuales se sospecha que pueden presentarse oscilaciones.

En el caso que se tenga estabilidad incondicional, se deberá tener cuidado que exista cierto margen al calcular los coeficientes K y Δ, puesto que si por ejemplo se verifica $K > 1$ y a su vez es muy próximo a la unidad, el amplifica-

6.5. Consideraciones de Diseño

dor presentará tendencia a oscilar, aunque los cálculos presenten estabilidad incondicional. Cualquier ruido, por ejemplo, podría generar oscilaciones.

Vale la pena mencionar que si bien, en rigor matemático, los coeficientes K y Δ pueden alcanzar cualquier valor, en general, los transistores que se fabrican son incondicionalmente estables ($K > 1$), o bien, condicionalmente ($0 < K < 1$ y $|\Delta| < 1$).

Capítulo 7

Diseño de Amplificadores

Hasta aquí se han presentado teórica y conceptualmente las variables y ecuaciones involucradas en el diseño de un amplificador de microondas de baja señal y su análisis de estabilidad.

Luego de haber establecido las condiciones de estabilidad del amplificador, y definir las regiones de la gráfica de Smith en las cuales se hallan los valores de Γ_S y Γ_L que producen comportamientos estables, se pueden diseñar los acoplamientos de entrada y salida del amplificador. Es decir, una vez seleccionado el transistor que se va a utilizar, sus condiciones de polarización, sus Parámetros-S, la ganancia deseada y los valores de Γ_S y Γ_L requeridos, puede procederse al proceso de diseño propiamente dicho.

Para iniciar el estudio del diseño del amplificador, se retoma el diagrama en bloques general visto en secciones anteriores, mostrado nuevamente en la Figura 7.1, donde se observan todas las variables involucradas. Se ve también que si ya se tienen los datos y condiciones mencionadas, sólo resta el cálculo y diseño de las etapas de adaptación de impedancia de entrada y salida, que aportan las ganancias G_S y G_L.

La Ganancia de Potencia de Transducción, y todas las demás ecuaciones de ganancia vistas en la sección correspondiente, pueden representarse de la siguiente forma:

$$G_T = G_S \cdot G_0 \cdot G_L \tag{7.1}$$

donde la ganancia G_0 depende exclusivamente de los Parámetros-S del transistor, y por lo tanto queda fijada una vez seleccionado el dispositivo. Las ganancias G_S y G_L corresponden a las redes de adaptación de entrada y salida respectivamente, y pueden ser ajustadas y diseñadas según las necesidades.

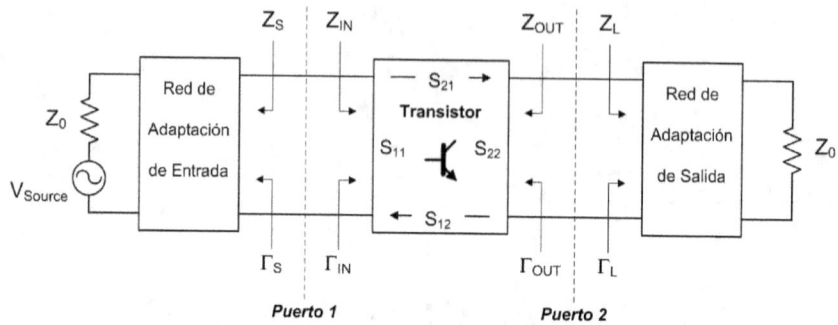

Figura 7.1: Bloques y variables del amplificador.

En el caso general, los transistores seleccionados presentarán valores de $|S_{11}|$ y $|S_{22}|$ muy distintos de 0 (cero), o lo que es lo mismo, impedancias de entrada y salida muy distintas a los 50 Ω del sistema de medición. Como los Parámetros-S del transistor usado en el diseño son válidos para una frecuencia determinada, las redes de adaptación se diseñan para tal frecuencia, y si nos alejamos de esta los acoplamientos dejan de funcionar, lo cual quiere decir que el amplificador resultante será de banda angosta, limitando su funcionamiento a un rango acotado de frecuencias. No obstante existen técnicas de diseño para aumentar el ancho de banda de la etapa de amplificación [42].

Los métodos y ecuaciones de diseño que se pueden emplear en este tipo de amplificadores, dependen de la variable que se desea priorizar. Existen varios métodos de diseño, dependiendo si se desea obtener máxima ganancia o una ganancia determinada, mínimo ruido, máximo ancho de banda, etc. En este capítulo se comienza con el caso más general que es el de máxima ganancia y luego se analizan otras variantes.

7.1. Diseño para Ganancia Máxima

En principio, se considera el Caso Bilateral, es decir, el caso general en que $S_{12} \neq 0$, por lo que no puede despreciarse el efecto de este parámetro en las distintas variables del amplificador.

Observando la Figura 7.1 y la ecuación (7.1), y recordando que G_0 queda fijada una vez esté seleccionado el transistor, se nota que la máxima ganancia de potencia del amplificador se obtiene cuando G_S y G_L son máximas, lo cual a su vez sucede cuando se tiene adaptación conjugada (máxima adaptación de impedancias) en ambos puertos del amplificador, es decir, entre la fuente y la

7.1. Diseño para Ganancia Máxima

entrada del transistor, y entre la salida de este y la carga. Solo en esta condición es cuando se produce la máxima transferencia de potencia. Esta situación se denomina "máxima ganancia" o "adaptación conjugada simultánea".

La máxima transferencia de potencia entre la fuente y la entrada del transistor se produce cuando la red de entrada presenta adaptación conjugada entre la fuente y el transistor:

$$\Gamma_{IN} = \Gamma_S^* \tag{7.2}$$

De la misma forma, la máxima transferencia de potencia entre la salida del transistor y la carga se produce cuando la red de salida presenta adaptación conjugada entre el transistor y la carga:

$$\Gamma_{OUT} = \Gamma_L^* \tag{7.3}$$

Puesto que se considera el caso general bilateral, la adaptación en la entrada es afectada por la salida y viceversa, por lo tanto se deben considerar ambas condiciones en forma simultánea para obtener la máxima transferencia de potencia del amplificador y por ende, su máxima ganancia. Las ecuaciones necesarias para el diseño se obtienen de relacionar las condiciones (7.2) y (7.3) con las ecuaciones que definen los coeficientes de reflexión de entrada y salida, (5.14) y (5.15):

$$\Gamma_{IN} = S_{11} + \frac{S_{12}S_{21}\Gamma_L}{1 - S_{22}\Gamma_L} = \Gamma_S^* \tag{7.4}$$

$$\Gamma_{OUT} = S_{22} + \frac{S_{12}S_{21}\Gamma_S}{1 - S_{11}\Gamma_S} = \Gamma_L^* \tag{7.5}$$

Desarrollando estas ecuaciones y operando matemáticamente, se llega a ecuaciones cuadráticas (una para Γ_S y otra para Γ_L) cuyas soluciones son los valores de los coeficientes de reflexión de fuente y de carga para máxima ganancia [35][37][40][42]:

$$\Gamma_{mS} = \frac{B_1 \pm \sqrt{B_1^2 - 4|C_1|^2}}{2C_1} = C_1^* \left(\frac{B_1 \pm \sqrt{B_1^2 - 4|C_1|^2}}{2|C_1|^2} \right) \tag{7.6}$$

$$B_1 = 1 + |S_{11}|^2 - |S_{22}|^2 - |\Delta|^2 \tag{7.7}$$

$$C_1 = S_{11} - \Delta S_{22}^* \tag{7.8}$$

$$\Gamma_{mL} = \frac{B_2 \pm \sqrt{B_2^2 - 4|C_2|^2}}{2C_2} = C_2^* \left(\frac{B_2 \pm \sqrt{B_2^2 - 4|C_2|^2}}{2|C_2|^2} \right) \qquad (7.9)$$

$$B_2 = 1 + |S_{22}|^2 - |S_{11}|^2 - |\Delta|^2 \qquad (7.10)$$

$$C_2 = S_{22} - \Delta S_{11}^* \qquad (7.11)$$

donde se ha incluido el subíndice "m" (del inglés, *matching*) para indicar que se trata de valores correspondientes a impedancias adaptadas. Además, se recuerda que:

$$\Delta = S_{11}S_{22} - S_{12}S_{21} \qquad (7.12)$$

En el Apéndice C se encontrará una demostración detallada de la obtención de estas ecuaciones, basadas en las referencias [35], [37], [40] y [42]. Allí también se muestra que para que un amplificador pueda presentar máxima ganancia, debe ser incondicionalmente estable.

Si la condición de estabilidad incondicional no estuviese presente, no se diseñaría el amplificador para adaptación conjugada, puesto que existirían valores de Γ_S y Γ_L que pueden hacer oscilar al sistema, y por lo tanto es mucho más conveniente y usual llevar a cabo el diseño de la red con otra metodología, que en general no va a arrojar adaptación conjugada en ambos puertos de la red. En ese caso, se buscaría evitar los valores de fuente y carga que provoquen oscilaciones.

Los dispositivos incondicionalmente estables siempre pueden ser adaptados en forma conjugada y simultánea en la salida, y por lo tanto, presentar máxima ganancia.

7.1.1. Determinación del Signo para Ganancia Máxima

Ahora bien, las ecuaciones (7.6) y (7.9) incluyen signos $\pm$, por lo cual se debe determinar qué signo utilizar en cada una de ellas, y para esto se recuerda que el interés se centra en los casos en que los coeficientes de reflexión Γ_{mS} y Γ_{mL} son menores a la unidad, que es la condición necesaria para la estabilidad.

En el Apéndice C se demuestra que, si se desea obtener Máxima Ganancia, se deberá utilizar el signo Menos (-) en las ecuaciones de Γ_{mS} y Γ_{mL} [40].

Para obtener adaptación conjugada simultánea en la salida y en la entrada en una red incondicionalmente estable debe verificarse que $K > 1$ y $|\Delta| < 1$, y en este caso se utiliza el signo Menos (-) en las ecuaciones de Γ_{mS} y Γ_{mL}.

7.1. Diseño para Ganancia Máxima

Esta condición de máxima ganancia siempre se puede obtener en un dispositivo incondicionalmente estable, pero si el dispositivo no presenta estas condiciones para la estabilidad y es condicionalmente estable (o condicionalmente inestable), deben utilizarse otras técnicas de diseño que arrojan mejores resultados [40].

En una sección posterior, se verá que si se verifican determinadas condiciones y se utiliza el signo Mas (+) en estas ecuaciones, también se obtiene un valor de Ganancia Mínima para el amplificador.

7.1.2. Ganancia de Potencia de Transducción Máxima

(Maximum Transducer Power Gain, $G_{T,max}$) Se verá a continuación la ecuación de la Ganancia de Transducción Máxima del Amplificador para el caso de estabilidad incondicional y adaptación conjugada simultánea en la salida y en la entrada. Básicamente se aplican las condiciones de estabilidad incondicional y adaptación conjugada simultánea a las ecuaciones de ganancia del amplificador.

Supóngase entonces que se trata de un dispositivo incondicionalmente estable, es decir $K > 1$ y $|\Delta| < 1$. En el Capítulo 5 se vieron tres formas de ecuaciones de Ganancia de Potencia de Transducción. Para obtener la ecuación de máxima ganancia se puede partir de cualquiera de ellas. Partiendo de la ecuación (5.17),

$$G_T = \frac{1 - |\Gamma_S|^2}{|1 - \Gamma_{IN}\Gamma_S|^2}|S_{21}|^2\frac{1 - |\Gamma_L|^2}{|1 - S_{22}\Gamma_L|^2} \tag{7.13}$$

Por la adaptación conjugada simultánea:

$$\Gamma_S = \Gamma_{IN}^* = \Gamma_{mS} \tag{7.14}$$

$$\Gamma_L = \Gamma_{OUT}^* = \Gamma_{mL} \tag{7.15}$$

reemplazando (7.14) y (7.15) y (7.13):

$$G_{T,max} = \frac{1}{1 - |\Gamma_{mS}|^2}|S_{21}|^2\frac{1 - |\Gamma_{mL}|^2}{|1 - S_{22}\Gamma_{mL}|^2} \tag{7.16}$$

O bien, partiendo de la ecuación (5.18):

$$G_T = \frac{1 - |\Gamma_S|^2}{|1 - S_{11}\Gamma_S|^2}|S_{21}|^2\frac{1 - |\Gamma_L|^2}{|1 - \Gamma_{OUT}\Gamma_L|^2} \tag{7.17}$$

reemplazando (7.14) y (7.15) y (7.17):

$$G_{T,max} = \frac{1 - |\Gamma_{mS}|^2}{|1 - S_{11}\Gamma_{mS}|^2} |S_{21}|^2 \frac{1}{1 - |\Gamma_{mL}|^2} \qquad (7.18)$$

donde, como hemos visto, el subíndice "m" en los coeficientes de reflexión indican que son valores calculados en adaptación conjugada simultánea.

Notar que si se trata de un caso unilateral ($S_{12} = 0$), las ecuaciones anteriores se reducen a la *Ganancia de Potencia de Transducción Máxima Unilateral*:

$$G_{TU,max} = \frac{1}{1 - |S_{11}|^2} |S_{21}|^2 \frac{1}{1 - |S_{22}|^2} \qquad (7.19)$$

Utilizando las ecuaciones de Γ_{mS} (7.6) y Γ_{mL} (7.9) en la ecuación de ganancia (7.16), consierando los valores de B_1, C_1, B_2 y C_2 [1], y procediendo matemáticamente, se demuestra [2] que la Ganancia de Transducción Máxima para un dispositivo incondicionalmente estable viene dada por [40][42]:

$$G_{T,max} = \frac{|S_{21}|}{|S_{12}|} \left(K - \sqrt{K^2 - 1} \right) \qquad (7.20)$$

ecuación que suele ser denominada "Ganancia Adaptada" (*matched gain*), en obvia alusión a la condición necesaria de adaptación conjugada simultánea para la obtención de este valor, y donde K es el Coeficiente de Rollet definido en la ecuación (6.22). Vale la pena recordar que esta ecuación sólo es válida si el amplificador es incondicionalmente estable y se presenta adaptación conjugada simultánea (en fuente y carga), lo cual da la máxima ganancia posible.

Si el amplificador presenta solamente estabilidad condicional ($K < 1$), puede demostrarse que la adaptación conjugada simultánea no es posible, y por lo tanto tampoco es posible llegar a la ganancia máxima, por lo que la ecuación (7.20) pierde valor y utilidad [40][42]. Observar incluso que para valores de $K < 1$, el radicando arroja resultados imaginarios. En estos casos se deben utilizar otros métodos de diseño, como círculos de ganancia constante o diseños a través de la ecuación de ganancia disponible (G_A). Así, las condiciones de ganancia máxima, adaptación conjugada simultánea y estabilidad incondicional se encuentran íntimamente relacionadas, siendo incluyentes en el caso del diseño para máxima ganancia.

Para la condición de adaptación conjugada simultanea, se verifica que las tres ganancias, Ganancia de Potencia de Transducción G_T, Ganancia de Potencia G_T y Ganancia de Potencia Disponible G_A son iguales, es decir:

---

[1] Ver en anexos las ecuaciones (C.8),(C.9),(C.11) y (C.12).
[2] Ver Apéndice F de la referencia [40].

7.1. Diseño para Ganancia Máxima

$$G_T = G_P = G_A \tag{7.21}$$

y por o lo tanto también lo son sus valores máximos:

$$G_{T,max} = G_{P,max} = G_{A,max} \tag{7.22}$$

Estas ganancias máximas suelen ser denominadas en la literatura por sus siglas en ingles: Maximum Transducer Gain (MTG), Maximum Power Gain (MPG),Maximum Available Gain (MAG) y Maximum Stable Gain (MSG).

7.1.3. Ganancia Estable Máxima

(Maximum Stable Gain, G_{MSG}) Se aclaró ya que la ecuación (7.20) es válida si existe estabilidad incondicional y adaptación conjugada simultánea. Si no es el caso, y el dispositivo presenta solamente estabilidad condicional, se puede asumir $K = 1$ como valor límite y, valuando esta condición en (7.20), calcular la Ganancia Estable Máxima:

$$G_{MSG} = \frac{|S_{21}|}{|S_{12}|} \tag{7.23}$$

que representa una figura de mérito muy importante para comparar varios dispositivos en condiciones de operación estables. Es decir, la ganancia MSG representa la máxima ganancia posible que el dispositivo alcanzará en condición de estabilidad. Luego, al comparar varios dispositivos condicionalmente estables, se espera que aquél que presente la mayor MSG presente la mayor ganancia. De esta forma, se asocia la ganancia MSG (G_{MSG}) con la estabilidad condicional y la ganancia MAG ($G_{A,max}$) con la estabilidad incondicional, de forma que el fabricante del transistor puede informar ambas ganancias en distintas frecuencias. Se deduce entonces que el dispositivo es condicionalmente estable en aquellas frecuencias para las que informa MSG e incondicionalmente estable en las frecuencias para las cuales informa la MAG [40].

7.1.4. Ganancia de Potencia de Transducción Mínima

(Minimum Transducer Power Gain, $G_{T,min}$) Los criterios para estabilidad incondicional son $K > 1$ y $|\Delta| < 1$. Luego, en una red potencialmente inestable, se puede presentar que $K > 1$ pero $|\Delta| > 1$. Si este es el caso, y $|\Delta| > 1$, entonces $B_1 < 0$ y $B_2 < 0$, las soluciones a las ecuaciones (7.6) y (7.9) utilizando el signo Mas (+) (hasta aquí se había utilizado el signo menos (-)) también arrojan resultados tales que $|\Gamma_{mS}| < 1$ y $|\Gamma_{mL}| < 1$, o sea, sistemas estables, solamente que en este caso se obtienen menores valores de ganancia.

Así, para el caso en que $K > 1$ y $|\Delta| > 1$, usando el signo Mas (+) en las ecuaciones de Γ_{mS} y Γ_{mL}, se obtiene la Ganancia de Potencia de Transducción Mínima ($G_{T,min}$), dada por:

$$G_{T,min} = \frac{|S_{21}|}{|S_{12}|} \left(K + \sqrt{K^2 - 1} \right) \qquad (7.24)$$

La demostración es similar a obtención de la ecuación de ganancia máxima $G_{T,max}$, pero utilizando el signo Mas (+) en las ecuaciones de Γ_{mS} y Γ_{mL} [40] [3].

Recordar que en una situación de potencial inestabilidad, el valor de la ganancia de transducción G_T se aproxima a infinito a medida que Γ_S y Γ_L se aproximan a la región de inestabilidad. Por lo tanto, la ganancia de transducción mínima (7.24) da el valor mínimo que tendrá la ganancia G_T cuando $K > 1$ y $|\Delta| > 1$ [40].

Esta ecuación de mínima ganancia de transducción permite el tratamiento que se da en algunos textos en el cual se permite el uso de ambos signos en las ecuaciones de Γ_{mS} y Γ_{mL}, de acuerdo a los valores de B_1 y B_2, o lo que es lo mismo, si $|\Delta|$ es mayor o menor que uno. Así, por ejemplo, en la guía de diseño indicada en la referencia [48] se indica:

En la ecuación de Γ_{mS}:
Si $B_1 > 0$, usar el signo Menos (-)
Si $B_1 < 0$, usar el signo Mas (+)

En la ecuación de Γ_{mS}:
Si $B_2 > 0$, usar el signo Menos (-)
Si $B_2 < 0$, usar el signo Mas (+)

Obviamente, en los casos en que los coeficientes B sean Negativos, el cálculo de K y $|\Delta|$ indicará automáticamente la inestabilidad potencial del amplificador, y se deberán tomar los recaudos para evitar oscilaciones.

7.1.5. Resumen de Diseño para Ganancia Máxima

Para facilitar la consulta al momento de realizar los diseños, a continuación se resumen las ecuaciones que deben utilizarse para alcanzar un diseño de máxima ganancia y las condiciones que deben cumplirse.

---

[3] Ver Anexo C.

7.1. Diseño para Ganancia Máxima

Condiciones que se desean Obtener

Adaptación conjugada simultánea: $\Gamma_{IN} = \Gamma_S^*$ y $\Gamma_{OUT} = \Gamma_L^*$

Ganancias Máximas: $G_{T,max} = G_{P,max} = G_{A,max}$

Condiciones que se deben Cumplir

Estabilidad Incondicional: $K > 1$ y $|\Delta| < 1$

Si $K < 1$, no se puede obtener Adaptación Conjugada Simultánea (y tampoco máxima ganancia). El diseño debe ser llevado a cabo por otros métodos.

Si $|\Delta| > 1$, se trata de un sistema potencialmente inestable, y se obtiene una Ganancia Mínima.

Diseño para Ganancia Máxima (Estabilidad Incondicional)

Verificando que $K > 1$ y $|\Delta| < 1$,

Coeficiente de Reflexión de Fuente (utilizar el Signo MENOS (-)):

$$\Gamma_{mS} = \frac{B_1 \pm \sqrt{B_1^2 - 4|C_1|^2}}{2C_1} = C_1^* \left(\frac{B_1 \pm \sqrt{B_1^2 - 4|C_1|^2}}{2|C_1|^2} \right)$$

Coeficiente de Reflexión de Carga (utilizar el Signo MENOS (-)):

$$\Gamma_{mL} = \frac{B_2 \pm \sqrt{B_2^2 - 4|C_2|^2}}{2C_2} = C_2^* \left(\frac{B_2 \pm \sqrt{B_2^2 - 4|C_2|^2}}{2|C_2|^2} \right)$$

Coeficientes:

$$\Delta = S_{11}S_{22} - S_{12}S_{21}$$

$$B_1 = 1 + |S_{11}|^2 - |S_{22}|^2 - |\Delta|^2$$

$$C_1 = S_{11} - \Delta S_{22}^*$$

$$B_2 = 1 + |S_{22}|^2 - |S_{11}|^2 - |\Delta|^2$$

$$C_2 = S_{22} - \Delta S_{11}^*$$

Ganancia de Potencia de Transducción Máxima:

$$G_{T,max} = \frac{1}{1-|\Gamma_{mS}|^2}|S_{21}|^2\frac{1-|\Gamma_{mL}|^2}{|1-S_{22}\Gamma_{mL}|^2} = \frac{1-|\Gamma_{mS}|^2}{|1-S_{11}\Gamma_{mS}|^2}|S_{21}|^2\frac{1}{1-|\Gamma_{mL}|^2}$$

En términos del Factor de Rollet K:

$$G_{T,max} = \frac{|S_{21}|}{|S_{12}|}\left(K - \sqrt{K^2-1}\right)$$

Para el Caso Unilateral ($S_{12} = 0$):

$$G_{TU,max} = \frac{1}{1-|S_{11}|^2}|S_{21}|^2\frac{1}{1-|S_{22}|^2}$$

Diseño para Ganancia Mínima (Estabilidad Condicional)

Verificando que $K > 1$ y $|\Delta| > 1$,

Coeficiente de Reflexión de Fuente (utilizar el Signo MAS (+)):

$$\Gamma_{mS} = \frac{B_1 \pm \sqrt{B_1^2 - 4|C_1|^2}}{2C_1} = C_1^*\left(\frac{B_1 \pm \sqrt{B_1^2 - 4|C_1|^2}}{2|C_1|^2}\right)$$

Coeficiente de Reflexión de Carga (utilizar el Signo MAS (+)):

$$\Gamma_{mL} = \frac{B_2 \pm \sqrt{B_2^2 - 4|C_2|^2}}{2C_2} = C_2^*\left(\frac{B_2 \pm \sqrt{B_2^2 - 4|C_2|^2}}{2|C_2|^2}\right)$$

Ganancia de Potencia de Transducción Mínima:

$$G_{T,min} = \frac{|S_{21}|}{|S_{12}|}\left(K + \sqrt{K^2-1}\right)$$

Lo resumido hasta aquí solo es válido para adaptación conjugada, es decir, intentando obtener la máxima ganancia posible. En las próximas secciones se verán otros métodos de diseño que se aplican en otras situaciones, como por ejemplo cuando no se tiene estabilidad incondicional o bien se desea un valor determinado de ganancia fija.

7.2. Diseño para Ganancia Constante (Unilateral)

En muchos casos, el diseño necesita obtener un valor de ganancia diferente del máximo. Por ejemplo, se puede necesitar una ganancia menor para aumentar el ancho de banda del amplificador o bien, simplemente se desea un valor determinado de ganancia, distinto del máximo. Además, cuando se tienen estabilidad condicional, es decir, el sistema es potencialmente inestable, es más conveniente y práctico realizar el diseño con otros métodos. En esta sección se verá un método de diseño basado en Círculos de Ganancia Constante dibujados en la Carta de Smith que permiten obtener un valor determinado de ganancia en el amplificador. Para esto se suponen dos condiciones importantes: el transistor es Unilateral e Incondicionalmente Estable.

La primera condición, etapa de amplificación Unilateral, implica que el parámetro S_{12} es muy pequeno y se lo considera nulo ($S_{12} \approx 0$), lo cual se cumple en la gran mayoría de los casos prácticos [4].

La segunda condición, que el elemento activo sea Incondicionalmente Estable, implica que $|S_{11}| < 1$ y $|S_{22}| < 1$. Tal como se ha indicado en el capítulo donde se estudia la estabilidad del amplificador, se presupone que el amplificador será diseñado con transistores que cumplan esta condición, para que presente menor tendencia a oscilar. En caso de usarse transistores cuyos coeficientes de reflexión de entrada o salida presenten módulo mayor a la unidad, el lector puede consultar un método de diseño en la referencia [40], no obstante, dada la gran variedad de dispositivos que actualmente se fabrican, se recomienda seleccionar otro transistor que sea intrínsecamente estable.

Puesto que el sistema es Unilateral se verifica que $\Gamma_S = S_{11}$ y $\Gamma_L = S_{22}$, y la Ganancia de Transducción de Potencia Unilateral está dada por:

$$G_{TU} = \frac{1 - |\Gamma_S|^2}{|1 - S_{11}\Gamma_S|^2} |S_{21}|^2 \frac{1 - |\Gamma_L|^2}{|1 - S_{22}\Gamma_L|^2} = G_S \cdot G_0 \cdot G_L \qquad (7.25)$$

$$G_S = \frac{1 - |\Gamma_S|^2}{|1 - S_{11}\Gamma_S|^2}$$

$$G_0 = |S_{21}|^2 \qquad (7.26)$$

$$G_L = \frac{1 - |\Gamma_L|^2}{|1 - S_{22}\Gamma_L|^2}$$

y el amplificador se representa por el diagrama en bloques que se muestra en la Figura 7.2, donde se observa que, debido a la unilateralidad de la etapa,

---

[4]En caso que no pueda hacerse esta aproximación, puede consultarse un método más general, para el caso bilateral, en las referencias [40] y [49].

los coeficientes de reflexión de entrada y salida del transistor son directamente los parámetros S_{11} y S_{22}. Además, de acuerdo a lo visto en la sección don-

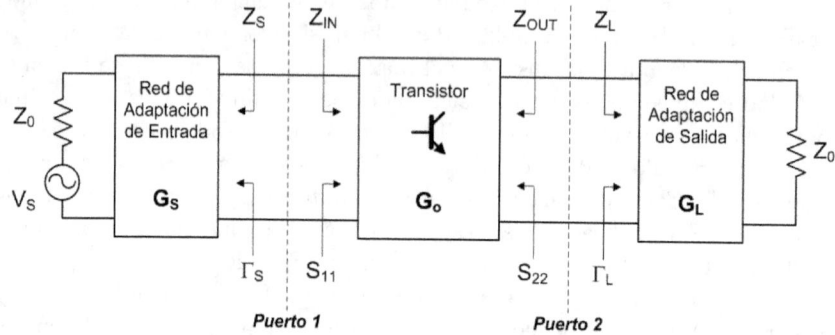

Figura 7.2: Bloques de un amplificador estable y unilateral.

de se definen las distintas ganancias del amplificador, y considerando que el transistor es intrínsecamente estable ($|S_{11}| < 1$ y $|S_{22}| < 1$), la Ganancia de Transducción de Potencia Unilateral se hace Máxima cuando se verifica adaptación perfecta en ambos puertos del transistor, es decir, $\Gamma_S = S_{11}^*$ y $\Gamma_L = S_{22}^*$, por lo tanto:

$$G_{TU,max} = \frac{1}{1 - |S_{11}|^2} |S_{21}|^2 \frac{1}{1 - |S_{22}|^2} = G_{S,max} \cdot G_0 \cdot G_{L,max} \qquad (7.27)$$

$$\begin{aligned} G_{S,max} &= \frac{1}{1 - |S_{11}|^2} \\ G_0 &= |S_{21}|^2 \\ G_{L,max} &= \frac{1}{1 - |S_{22}|^2} \end{aligned} \qquad (7.28)$$

y en este caso se cumple también que todas las ganancias son máximas:

$$G_{TU,max} = G_{PU,max} = G_{AU,max} \qquad (7.29)$$

Entonces, recordando que $|S_{11}| < 1$ y $|S_{22}| < 1$, la Ganancia de Transducción de Potencia Unilateral (G_{TU}) está dada por (7.25) y presenta su valor máximo cuando $\Gamma_S = S_{11}^*$ y $\Gamma_L = S_{22}^*$, al cual se le denomina Ganancia de Transducción de Potencia Unilateral Máxima ($G_{TU,max}$) y está dada por

7.2. Diseño para Ganancia Constante (Unilateral)

(7.27). Las ganancias de los bloques de entrada y salida, G_S y G_L, para el caso unilateral están dados por la ecuación (7.26), y los valores máximos de estas ganancias de bloques $G_{S,max}$ y $G_{L,max}$ están dadas por la ecuación (7.28)

Cuando los coeficientes de reflexión de fuente y carga presentan su valor máximo igual a la unidad, es decir, $|\Gamma_S| = 1$ o $|\Gamma_L| = 1$, de acuerdo a la ecuación (7.26) las ganancias de los bloques de entrada y salida G_s y G_L se anulan, es decir, presentan su valor mínimo. Otros valores de Γ_S y Γ_L arrojan valores de G_S y G_L comprendidos entre cero (0) y los valores máximos $\Gamma_{S,max}$ y $\Gamma_{L,max}$. Puesto en ecuaciones, las ganancias de los bloques de entrada y salida tendrán valores tales que:

$$0 \leq G_S \leq G_{S,max}$$
$$0 \leq G_L \leq G_{L,max} \tag{7.30}$$

Valores determinados de Γ_S y Γ_L menores a la unidad producen valores constante de G_S y G_L menores a sus valores máximos $G_{S,max}$ y $G_{L,max}$. Se pueden definir entonces los Factores de Ganancia Normalizados g_S y g_L, que dan la relación entre los valores constantes obtenidos de las ganancias G_S y G_L y sus valores máximos:

$$g_S = \frac{G_S}{G_{S,max}} = \frac{1 - |\Gamma_S|^2}{|1 - S_{11}\Gamma_S|^2}\left(1 - |S_{11}|^2\right)$$
$$g_L = \frac{G_L}{G_{L,max}} = \frac{1 - |\Gamma_L|^2}{|1 - S_{22}\Gamma_L|^2}\left(1 - |S_{22}|^2\right) \tag{7.31}$$

tal que,

$$0 \leq g_S \leq 1$$
$$0 \leq g_L \leq 1 \tag{7.32}$$

Valores constantes de g_S y g_L (que implica valores constantes de G_S y G_L) son producidos por un conjunto de valores de Γ_S y Γ_L (módulo y fase) que dibujados en una Carta de Smith conforman los llamados Círculos de Ganancia Constante. Es decir, estos círculos son el lugar geométrico de todos los valores de Γ_S y Γ_L que producen valores constantes de g_S y g_L, graficados en una Carta de Smith [40][42].

Resumiendo, los Círculos de Ganancia Constante para los bloques de entrada y salida son el lugar geométrico del conjunto de puntos de Γ_S y Γ_L, dibujados en la Carta de Smith, que producen un valor constante de g_S y g_L y por lo tanto también valores constantes de ganancias de bloque G_S y G_L, que están comprendidos entre 0 (cero) y sus valores máximos $\Gamma_{S,max}$ y $\Gamma_{L,max}$. Se demuestra que estos círculos quedan definidos por sus respectivos Centros y Radios, cuyas ecuaciones se resumen continuación (ver Apéndice D).

Círculo de Ganancia Constante de Entrada $(G_S = f(\Gamma_S))$

$$|\Gamma_S - C_S| = r_S \tag{7.33}$$

$$C_S = \frac{g_S S_{11}^*}{1 - |S_{11}|^2 (1 - g_S)} \tag{7.34}$$

$$r_S = \frac{\sqrt{1 - g_S}(1 - |S_{11}|^2)}{1 - |S_{11}|^2 (1 - g_S)} \tag{7.35}$$

Círculo de Ganancia Constante de Salida $(G_L = f(\Gamma_L))$

$$|\Gamma_L - C_L| = r_L \tag{7.36}$$

$$C_L = \frac{g_L S_{22}^*}{1 - |S_{22}|^2 (1 - g_L)} \tag{7.37}$$

$$r_L = \frac{\sqrt{1 - g_L}(1 - |S_{22}|^2)}{1 - |S_{22}|^2 (1 - g_L)} \tag{7.38}$$

Obviamente, como indican las ecuaciones, cada nuevo valor de g_S y g_L generan nuevos valores de G_S y G_L y también nuevos círculos.

Se verá a continuación el proceso de dibujo de los círculos, que básicamente es similar al utilizado en los Círculos de Estabilidad, con algunas particularidades en este caso.

7.2.1. Círculos de Ganancia Constante

Como puede verse en la Figura 7.3, toda la información para el dibujo de los círculos se obtiene de las ecuaciones que definen sus centros y radios.

En la figura, se ha dibujado una sección de la Carta de Smith y se han indicado los ejes de las partes Real e Imaginaria de los coeficientes de reflexión de fuente y carga, de forma que el Círculo de Ganancia Constante se halla en el plano definido por el Coeficiente de Reflexión de Fuente:

$$\Gamma_S = |\Gamma_S|^{j\varphi(\Gamma_S)} = u_S + j v_S$$

7.2. Diseño para Ganancia Constante (Unilateral)

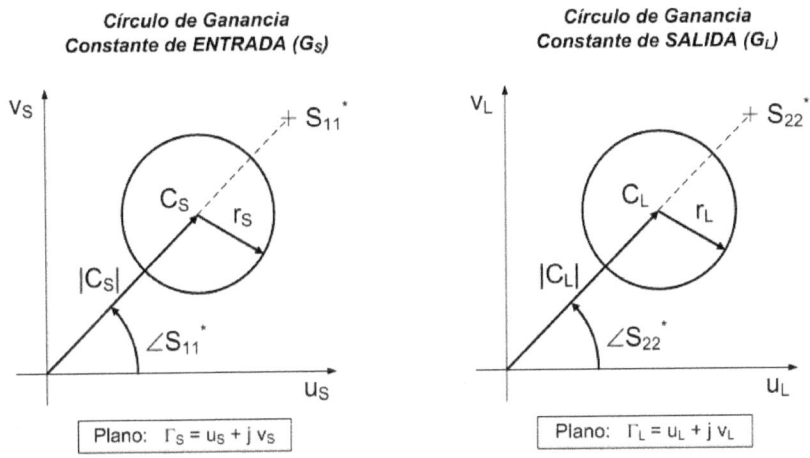

Figura 7.3: Círculos de ganancia constante.

y el Círculo de Ganancia Constante de Salida se encuentra en el plano definido por el Coeficiente de Reflexión de Carga:

$$\Gamma_L = |\Gamma_L|^{j\varphi(\Gamma_L)} = u_L + jv_L$$

ambos, definidos en forma binómica. Recordemos que en la Carta de Smith, si bien los coeficientes de reflexión quedan dibujados en forma polar (módulo y fase), la propia generación de la Carta se realiza a partir de definir a los coeficientes en forma binómica (parte real y parte imaginaria).

Las ecuaciones (7.34) y (7.37) definen los centros de los Círculos de Entrada y Salida respectivamente, C_S y C_L. El módulo de esas ecuaciones es la distancia entre el origen (centro de la carta) y el centro del círculo a dibujar, y la fase de las ecuaciones son el ángulo de inclinación de los vectores C_S y C_L, que coinciden exactamente con las fases de S_{11}^* y S_{22}^*, tal como se puede observar en las ecuaciones (7.34) y (7.37). Las ecuaciones (7.35) y (7.38) son directamente los radios de los Círculos de Entrada y Salida respectivamente, r_S y r_L, que son magnitudes escalares.

Notar entonces que para un caso determinado, la elección de un conjunto de valores determinados de g_S y g_L (o bien G_S y G_L) que arrojen distintos valores de ganancias, definen un conjunto de círculos cuyos centros se hallan todos sobre la línea que une el centro de la carta con los puntos S_{11}^* o S_{22}^*. Los centros se van desplazando sobre esa línea y los círculos cambian de tamaño, de acuerdo a los valores elegidos de g_S y g_L.

Se observa que si $g_S = 1$ o $g_L = 1$, o lo que es lo mismo, $G_S = G_{S,max}$ o $G_L = G_{L,max}$, las ecuaciones (7.35) y (7.38) arrojan radios nulos, $r_S = 0$ y $r_L = 0$, y las ecuaciones (7.34) y (7.37) indican que $C_S = S_{11}^*$ y $C_L = S_{22}^*$, es decir los centros son iguales a los conjugados de los parámetros S_{11} y S_{22}. Puesto en ecuaciones;

$$g_S = 1 \;\Rightarrow\; G_S = G_{S,max} \;\Rightarrow\; r_S = 0 \quad y \quad C_S = S_{11}^*$$

$$g_L = 1 \;\Rightarrow\; G_L = G_{L,max} \;\Rightarrow\; r_L = 0 \quad y \quad C_L = S_{22}^*$$

Por lo tanto los Círculos de Ganancia Constante de Entrada y Salida para el caso de Ganancia Máxima están representados directamente por los Puntos S_{11}^* y S_{22}^* respectivamente [40][42].

Observar también que los círculos para ganancia de 0dB ($G_S = 1$ o $G_L = 1$) pasan siempre por el centro de la Carta. En efecto, de acuerdo a las ecuaciones (7.26), las condiciones $G_S = 1$ o $G_L = 1$ se dan cuando $\Gamma_S = 0$ o $\Gamma_L = 0$ respectivamente, y por las ecuaciones (7.31), los coeficientes g_S y g_L resultan:

$$\begin{aligned} g_{S,0dB} &= 1 - |S_{11}|^2 \\ g_{L,0dB} &= 1 - |S_{22}|^2 \end{aligned} \qquad (7.39)$$

Reemplazando estos valores en las ecuaciones de centros y radios de los círculos se llega a:

$$\begin{aligned} r_{S,0dB} &= |C_{S,0dB}| = \frac{|S_{11}|}{1 - |S_{11}|^2} \\ r_{L,0dB} &= |C_{L,0dB}| = \frac{|S_{22}|}{1 - |S_{22}|^2} \end{aligned} \qquad (7.40)$$

lo cual muestra que para el caso de $G_S = 1$ o $G_L = 1$, siempre los radios son iguales a la distancia entre el centro del círculo y el origen de la carta, por lo que necesariamente el Círculo de 0 dB debe pasar por el origen de la Carta de Smith.

Se resume a continuación el proceso de diseño con Círculos de Ganancia Constante.

7.2. Diseño para Ganancia Constante (Unilateral)

7.2.2. Diseño con Círculos de Ganancia Constante

El diseño del amplificador utilizando Círculos de Ganancia Constante se puede resumir de la siguiente forma [40][42]:

- Verificar que se cumplan las siguientes condiciones:

  Etapa Unilateral: $S_{12} \approx 0$,

  Dispositivo es Incondicionalmente Estable: $|S_{11}| < 1$ y $|S_{22}| < 1$.

- Ubicar en la Carta de Smith los puntos S_{11}^* y S_{22}^*, y dibujar líneas rectas entre el centro de la carta y estos puntos, sobre la cual se desplazan los centros de los distintos círculos. En los puntos S_{11}^* y S_{22}^* se obtienen las ganancias $G_{S,max}$ y $G_{L,max}$ respectivamente.

- Por criterios de diseño, determinar los valores de G_S y G_L deseados, tales que:

$$0 \leq G_S \leq G_{S,max}$$
$$0 \leq G_L \leq G_{L,max}$$

- Calcular para estos valores elegidos los correspondientes valores de g_S y g_L, de acuerdo a las ecuaciones (7.31).

- Calcular los Centros C_S y C_L de los círculos que se van a dibujar, de acuerdo a las ecuaciones (7.34) y (7.37).

- Calcular los Radios r_S y r_L de los círculos que se desean dibujar, de acuerdo a las ecuaciones (7.35) y (7.38).

- Dibujar los Círculos de Ganancia Constante de Entrada y Salida en la Carta de Smith, que corresponden al conjunto de valores de Γ_S y Γ_L que producen los valores de G_S y G_L respectivamente.

- Tanto en el círculo de entrada como en el de salida, cualquier punto que se tome sobre el círculo arroja un valor de coeficiente de reflexión que a su vez producen los valores de G_S y G_L buscados. Por lo tanto, la selección de los puntos no es unívoca y se puede elegir cualquier punto sobre los círculos. No obstante, mientras más cercanos sean los puntos seleccionados al centro de la carta, menor es la desadaptación y mayor es el ancho de banda obtenido, y además, se simplifica la construcción de la red de adaptación.

Se selecciona entonces un punto en el círculo de entrada y otro en el de salida y se leen en la carta los valores de de Γ_S y Γ_L correspondientes a estos puntos.

- A partir de Γ_S y Γ_L se obtienen las impedancias Z_S y Z_L y con ellas se diseñan las redes de adaptación de entrada y salida que darán las ganancias G_S y G_L buscadas.

Apéndice A

Ecuaciones de Microtiras

A.1. Ecuaciones Generales

Para ambos métodos:

$$\lambda' = \frac{c}{f\sqrt{\varepsilon_r'}} = \frac{\lambda_0}{\sqrt{\varepsilon_r'}} \tag{A.1}$$

A.2. Wheeler para Diseño

Para $w/h \leq 2$:

$$A = \frac{Z_0}{60}\sqrt{\frac{\varepsilon_r + 1}{2}} + \frac{\varepsilon_r - 1}{\varepsilon_r + 1}\left(0,226 + \frac{0,121}{\varepsilon_r}\right) \tag{A.2}$$

$$\frac{w}{h} = \frac{8\,e^A}{e^{2A} - 2} \tag{A.3}$$

Para $w/h \geq 2$:

$$B = \frac{377\,\pi}{2\,Z_0\,\sqrt{\varepsilon_r}} \tag{A.4}$$

$$\frac{w}{h} = \frac{\varepsilon_r - 1}{\pi\,\varepsilon_r}\left[ln(B - 1) + 0,293 - \frac{0,517}{\varepsilon_r}\right] + \frac{2}{\pi}\left[B - 1 - \ln(2\,B - 1)\right] \tag{A.5}$$

A.3. Wheeler para Análisis

Para $w/h \leq 1$:

$$\varepsilon'_r = \frac{\varepsilon_r + 1}{2} + \frac{\varepsilon_r - 1}{2} \left[\frac{1}{\sqrt{1 + \dfrac{12h}{w}}} + 0,04 \left(1 - \frac{w}{h}\right)^2 \right] \qquad (A.6)$$

$$Z_0 = \frac{60}{\sqrt{\varepsilon'_r}} \ln\left(\frac{8h}{w} + \frac{w}{4h}\right) \qquad (A.7)$$

Para $w/h \geq 1$:

$$\varepsilon'_r = \frac{\varepsilon_r + 1}{2} + \frac{\varepsilon_r - 1}{2} \left[\frac{1}{\sqrt{1 + \dfrac{12h}{w}}} \right] \qquad (A.8)$$

$$Z_0 = \frac{120\pi/\sqrt{\varepsilon'_r}}{\dfrac{w}{h} + 2,46 - 0,49\dfrac{h}{w} + \left(1 - \dfrac{h}{w}\right)^6} \qquad (A.9)$$

A.4. Hammerstad para Diseño

Para $w/h \leq 2$:

$$A = \frac{Z_0}{60} \sqrt{\frac{\varepsilon_r + 1}{2}} + \frac{\varepsilon_r - 1}{\varepsilon_r + 1} \left(0,23 + \frac{0,11}{\varepsilon_r}\right) \qquad (A.10)$$

$$\frac{w}{h} = \frac{8\,e^A}{e^{2A} - 2} \qquad (A.11)$$

Para $w/h \geq 2$:

$$B = \frac{377\,\pi}{2\,Z_0\,\sqrt{\varepsilon_r}} \qquad (A.12)$$

$$\frac{w}{h} = \frac{2}{\pi}\left[B - 1 - \ln(2B - 1) + \frac{\varepsilon_r - 1}{2\,\varepsilon_r}\left(\ln(B-1) + 0,39 - \frac{0,61}{\varepsilon_r}\right)\right] \quad (A.13)$$

A.5. Hammerstad para Análisis

Para $w/h \leq 1$:

$$\varepsilon'_r = \frac{\varepsilon_r + 1}{2} + \frac{\varepsilon_r - 1}{2}\left[\frac{1}{\sqrt{1 + \frac{12h}{w}}} + 0,04\left(1 - \frac{w}{h}\right)^2\right] \quad (A.14)$$

$$Z_0 = \frac{60}{\sqrt{\varepsilon'_r}}\ln\left(\frac{8h}{w} + \frac{w}{4h}\right) \quad (A.15)$$

Para $w/h \geq 1$:

$$\varepsilon'_r = \frac{\varepsilon_r + 1}{2} + \frac{\varepsilon_r - 1}{2}\left[\frac{1}{\sqrt{1 + \frac{12h}{w}}}\right] \quad (A.16)$$

$$Z_0 = \frac{120\pi/\sqrt{\varepsilon'_r}}{\frac{w}{h} + 1,393 + 0,667\ln\left(1,444 + \frac{w}{h}\right)} \quad (A.17)$$

A.6. Corrección por Espesor del Cobre

Para ambos métodos:

Para $w/h \leq 1/2\pi$:

$$w_e = w + \frac{t}{\pi}\left[1 + \ln\left(\frac{4\pi w}{t}\right)\right] \quad (A.18)$$

Para $w/h \geq 1/2\pi$:

$$w_e = w + \frac{t}{\pi}\left[1 + \ln\left(\frac{2h}{t}\right)\right] \qquad (A.19)$$

Apéndice B

Archivo S2P

B.1. Parámetros-S del transistor BFP450

```
! Infineon Technologies  Discrete \& RF Semiconductors
! BFP450
!
! VCE =  3.0 V,  IC = 0.10 A
! Common Emitter S-Parameters:  Sep 2010
\# GHz  S  MA  R  50
```

! f	S11		S21		S12		S22	
! GHz	MAG	ANG	MAG	ANG	MAG	ANG	MAG	ANG
0.100	0.5181	-148.6	59.809	132.5	0.0096	60.4	0.6902	-71.2
0.110	0.5390	-150.6	56.974	129.5	0.0102	59.4	0.6710	-76.3
0.120	0.5557	-152.4	54.143	126.8	0.0107	58.6	0.6537	-81.2
0.130	0.5739	-153.8	51.591	124.3	0.0111	57.5	0.6376	-85.6
0.140	0.5878	-155.4	49.213	122.0	0.0116	56.8	0.6224	-89.7
0.150	0.6010	-156.9	46.908	119.8	0.0120	56.0	0.6091	-93.6
0.200	0.6446	-162.8	37.584	111.3	0.0137	55.0	0.5582	-109.5
0.250	0.6662	-167.0	31.195	105.3	0.0153	55.2	0.5270	-121.2
0.300	0.6819	-170.3	26.400	100.7	0.0169	55.8	0.5077	-130.3
0.350	0.6914	-173.0	22.824	97.1	0.0185	56.7	0.4956	-137.3
0.400	0.6967	-175.3	20.052	93.9	0.0200	57.5	0.4882	-143.1
0.450	0.7022	-177.3	17.834	91.3	0.0216	58.4	0.4833	-148.0
0.500	0.7063	-179.0	16.031	89.0	0.0232	59.1	0.4805	-152.1
0.600	0.7119	178.0	13.290	85.1	0.0265	60.1	0.4786	-158.7
0.700	0.7154	175.4	11.307	81.9	0.0298	60.8	0.4793	-163.9
0.800	0.7186	173.0	9.812	78.9	0.0332	61.0	0.4811	-168.4
0.900	0.7215	171.1	8.661	76.5	0.0366	61.1	0.4840	-172.1
1.000	0.7236	169.0	7.719	74.1	0.0400	60.8	0.4870	-175.5
1.100	0.7260	167.1	6.981	71.9	0.0435	60.5	0.4901	-178.6

1.200	0.7290	165.2	6.342	69.8	0.0469	59.9	0.4937	178.6
1.300	0.7302	163.4	5.822	67.8	0.0503	59.3	0.4966	176.0
1.400	0.7326	161.7	5.368	65.9	0.0537	58.6	0.5001	173.6
1.500	0.7351	159.9	4.984	64.1	0.0571	57.8	0.5038	171.3
1.600	0.7370	158.3	4.650	62.3	0.0604	56.9	0.5071	169.1
1.700	0.7390	156.6	4.357	60.5	0.0637	55.9	0.5106	166.9
1.800	0.7401	155.0	4.091	58.7	0.0670	54.9	0.5134	164.9
1.900	0.7424	153.5	3.856	57.0	0.0703	54.0	0.5172	162.9
2.000	0.7442	151.9	3.651	55.3	0.0735	52.8	0.5200	160.9
2.200	0.7456	148.5	3.288	51.8	0.0797	50.6	0.5263	157.0
2.400	0.7487	145.6	2.990	48.6	0.0858	48.4	0.5332	153.2
2.600	0.7497	142.6	2.737	45.4	0.0918	46.2	0.5402	149.6
2.800	0.7532	139.7	2.528	42.3	0.0976	43.8	0.5473	146.2
3.000	0.7566	136.8	2.345	39.1	0.1033	41.5	0.5542	142.9
3.500	0.7699	129.4	1.968	31.1	0.1160	35.3	0.5721	135.5
4.000	0.7847	122.8	1.682	23.9	0.1268	29.7	0.5922	129.2
4.500	0.7957	117.3	1.463	17.3	0.1366	24.6	0.6119	123.3
5.000	0.8024	112.1	1.299	10.9	0.1466	19.5	0.6269	117.9
5.500	0.8031	107.0	1.167	4.7	0.1558	14.4	0.6369	112.3
6.000	0.8039	102.7	1.066	-1.1	0.1651	9.6	0.6455	106.6
6.500	0.8115	98.7	0.991	-7.4	0.1740	4.2	0.6553	101.5
7.000	0.8211	93.7	0.921	-14.1	0.1826	-1.4	0.6644	97.1
7.500	0.8299	88.0	0.853	-21.0	0.1889	-7.4	0.6763	92.3
8.000	0.8366	82.0	0.784	-27.4	0.1929	-13.2	0.6979	86.1
8.500	0.8460	75.8	0.718	-33.6	0.1934	-19.1	0.7227	79.7
9.000	0.8540	69.9	0.656	-39.0	0.1911	-24.4	0.7398	73.7
9.500	0.8656	65.4	0.594	-43.7	0.1870	-28.5	0.7557	69.0
10.000	0.8801	62.9	0.552	-46.9	0.1836	-31.7	0.7846	65.7
10.500	0.8861	61.6	0.518	-49.1	0.1825	-33.2	0.7955	65.7
11.000	0.8847	60.5	0.503	-51.3	0.1844	-34.8	0.7935	66.7
11.500	0.8742	58.8	0.493	-55.0	0.1993	-35.1	0.7640	65.2
12.000	0.8601	57.1	0.495	-58.6	0.2121	-40.6	0.7648	62.2

```
!
! f       NFmin   Gammaopt    rn/50
! GHz     dB      MAG  ANG     -
  0.450   2.12    0.64 -172    0.07
  0.900   2.18    0.66 -166    0.08
  1.900   2.27    0.68 -150    0.16
  2.400   2.36    0.67 -140    0.24
!
! (c) 2010  Infineon Technologies AG, Munich
```

Apéndice C

Adaptación Conjugada Simultánea

Se deducen aquí las ecuaciones que definen los coeficientes de reflexión de fuente y de carga para el caso de máxima ganancia, es decir, cuando se tienen simultáneamente adaptación conjugada en la fuente y en la carga. Mayores detalles sobre esta demostración se pueden hallar en las referencias [35], [37], [40] y [42].

El subíndice "m" en las ecuaciones finales indica que se trata de adaptación conjugada simultánea, o bien, máxima ganancia.

Se parte de las ecuaciones que definen los coeficientes de reflexión de entrada y salida, Γ_{IN} y Γ_{OUT}, igualadas a Γ_S^* y Γ_L^* respectivamente, dado que se está suponiendo que ambos puertos de la red se hallan adaptados:

$$\Gamma_{IN} = S_{11} + \frac{S_{12}S_{21}\Gamma_L}{1 - S_{22}\Gamma_L} = \Gamma_S^* \tag{C.1}$$

$$\Gamma_{OUT} = S_{22} + \frac{S_{12}S_{21}\Gamma_S}{1 - S_{11}\Gamma_S} = \Gamma_L^* \tag{C.2}$$

C.1. Coeficiente de Reflexión de Entrada

Recordando que $\Delta = S_{11}S_{22} - S_{12}S_{21}$, y por las propiedades de la conjugación de números complejos, las ecuaciones (C.1) y (C.2) se pueden reescribir de la siguiente forma:

$$\Gamma_S = S_{11}^* + \frac{S_{12}^* S_{21}^*}{\dfrac{1}{\Gamma_L^*} - S_{22}^*} \tag{C.3}$$

$$\Gamma_L^* = \frac{S_{22} - \Delta\Gamma_S}{1 - S_{11}\Gamma_S} \tag{C.4}$$

Reemplazando (C.4) en (C.3):

$$\Gamma_S = S_{11}^* + \frac{S_{12}^* S_{21}^*}{\dfrac{1 - S_{11}\Gamma_S}{S_{22} - \Delta\Gamma_S} - S_{22}^*}$$

que desarrollando queda

$$\Gamma_S = S_{11}^* + \frac{S_{12}^* S_{21}^* S_{22} - S_{12}^* S_{21}^* \Delta\Gamma_S}{1 - S_{11}\Gamma_S - |S_{22}|^2 - S_{22}^* \Delta\Gamma_S}$$

Luego, expandiendo y agrupando para Γ_S y Γ_S^2

$$\Gamma_S\left(1 - |S_{22}|^2\right) + \Gamma_S^2\left(\Delta S_{22}^* - S_{11}\right) = \Gamma_S\left(\Delta S_{11}^* S_{22}^* - \Delta S_{12}^* S_{21}^* - |S_{11}|^2\right)$$
$$+ S_{11}^*\left(1 - |S_{22}|^2\right) + S_{12}^* S_{21}^* S_{22} \tag{C.5}$$

Nuevamente, por las propiedades de conjugación de número complejos:

$$\Delta S_{11}^* S_{22}^* - \Delta S_{12}^* S_{21}^* = \Delta\left(S_{11}^* S_{22}^* - S_{12}^* S_{21}^*\right) = \Delta\Delta^* = |\Delta|^2$$

$$S_{11}^*\left(1 - |S_{22}|^2\right) + S_{12}^* S_{21}^* S_{22} = S_{11}^* - S_{11}^* S_{22}^* S_{22} + S_{12}^* S_{21}^* S_{22} = S_{11}^* - \Delta^* S_{22}$$

que reemplazando en (C.5) arroja

$$\Gamma_S\left(1 - |S_{22}|^2\right) + \Gamma_S^2\left(\Delta S_{22}^* - S_{11}\right) = \Gamma_S|\Delta|^2 - \Gamma_S|S_{11}|^2 + S_{11}^* - \Delta^* S_{22}$$

la cual puede ser escrita como una Ecuación Cuadrática para la variable Γ_S:

$$\left(S_{11} - \Delta S_{22}^*\right)\Gamma_S^2 + \left(|\Delta|^2 - |S_{11}|^2 + |S_{22}|^2 - 1\right)\Gamma_S + \left(S_{11}^* - \Delta^* S_{22}\right) = 0$$
$$\tag{C.6}$$

que constituye una ecuación cuadrática de la forma

$$ax^2 + bx + c = 0$$

cuyas soluciones son las raíces

$$X_{1,2} = \frac{-b \pm \sqrt{b^2 - 4ac}}{2a}$$

Entonces, desglosando la ecuación cuadrática (C.6):

$$4ac = 4\left(S_{11} - \Delta S_{22}^*\right)\left(S_{11} - \Delta^* S_{22}\right) = 4\left(S_{11} - \Delta S_{22}^*\right)\left(S_{11} - \Delta S_{22}^*\right)^*$$

$$= 4\left|S_{11} - \Delta S_{22}^*\right|^2 = 4|C_1|^2$$

$$-b = -\left(|\Delta|^2 - |S_{11}|^2 + |S_{22}|^2 - 1\right) = 1 + |S_{11}|^2 - |S_{22}|^2 - |\Delta|^2 = B_1$$

por lo que las soluciones de (C.6) son:

$$\Gamma_{mS} = \frac{B_1 \pm \sqrt{B_1^2 - 4|C_1|^2}}{2C_1} = C_1^*\left(\frac{B_1 \pm \sqrt{B_1^2 - 4|C_1|^2}}{2|C_1|^2}\right) \tag{C.7}$$

$$B_1 = 1 + |S_{11}|^2 - |S_{22}|^2 - |\Delta|^2 \tag{C.8}$$

$$C_1 = S_{11} - \Delta S_{22}^* \tag{C.9}$$

C.2. Coeficiente de Reflexión de Salida

Operando exactamente de la misma forma, pero desarrollando una ecuación cuadrática para Γ_L, se obtiene el coeficiente de reflexión de carga para adaptación conjugada simultánea:

$$\Gamma_{mL} = \frac{B_2 \pm \sqrt{B_2^2 - 4|C_2|^2}}{2C_2} = C_2^*\left(\frac{B_2 \pm \sqrt{B_2^2 - 4|C_2|^2}}{2|C_2|^2}\right) \tag{C.10}$$

$$B_2 = 1 + |S_{22}|^2 - |S_{11}|^2 - |\Delta|^2 \tag{C.11}$$

$$C_2 = S_{22} - \Delta S_{11}^* \tag{C.12}$$

C.3. Determinación del Signo para Ganancia Máxima

La demostración se basa en la referencia [40].

De la ecuación (C.7), puede demostrase (ver referencia [40]) que si $|B_1/2C_1| > 1$ y $B_1 > 0$, el signo Menos (-) produce $|\Gamma_{mS}| < 1$ y el signo Mas (+) produce $|\Gamma_{mS}| > 1$. Si $|B_1/2C_1| > 1$ y $B_1 < 0$ el signo Menos (-) produce $|\Gamma_{mS}| > 1$ y el signo Mas (+) produce $|\Gamma_{mS}| < 1$. Relaciones similares se deducen de la ecuación (C.10) para le caso de Γ_{mL}. Luego, resumiendo lo que se acaba de expresar.

Para la ENTRADA, ecuación (C.7), se verifica
Signo MENOS (-)
$si \ \ |B_1/2C_1| > 1 \ \ y \ \ B_1 > 0, \ \ \Rightarrow \ \ |\Gamma_{mS}| < 1$
$si \ \ |B_1/2C_1| > 1 \ \ y \ \ B_1 < 0, \ \ \Rightarrow \ \ |\Gamma_{mS}| > 1$
Signo MAS (+)
$si \ \ |B_1/2C_1| > 1 \ \ y \ \ B_1 > 0, \ \ \Rightarrow \ \ |\Gamma_{mS}| > 1$
$si \ \ |B_1/2C_1| > 1 \ \ y \ \ B_1 < 0, \ \ \Rightarrow \ \ |\Gamma_{mS}| < 1$

Para la SALIDA, ecuación (C.10), se verifica
Signo MENOS (-)
$si \ \ |B_2/2C_2| > 1 \ \ y \ \ B_2 > 0, \ \ \Rightarrow \ \ |\Gamma_{mL}| < 1$
$si \ \ |B_2/2C_2| > 1 \ \ y \ \ B_2 < 0, \ \ \Rightarrow \ \ |\Gamma_{mL}| > 1$
Signo MAS (+)
$si \ \ |B_2/2C_2| > 1 \ \ y \ \ B_2 > 0, \ \ \Rightarrow \ \ |\Gamma_{mL}| > 1$
$si \ \ |B_2/2C_2| > 1 \ \ y \ \ B_2 < 0, \ \ \Rightarrow \ \ |\Gamma_{mL}| < 1$

Dado que se busca $|\Gamma_{mS}| < 1$ y $|\Gamma_{mL}| < 1$ para que el sistema sea estable, de todas las combinaciones anteriores se seleccionan las que arrojan estas condiciones. O sea, en el caso de Γ_{mS}, se utilizará signo Menos (-) cuando $B_1 > 0$ (Positivo) y signo Mas (+) cuando $B_1 < 0$ (Negativo). De la misma forma, para el caso de Γ_{mL}, se usará signo Menos (-) cuando $B_2 > 0$ (Positivo) y signo Mas (+) cuando $B_2 < 0$ (Negativo).

Hasta aquí, de las 8 combinaciones posibles, solo 4 de ellas son útiles. Veremos ahora que para sistemas incondicionalmente estables, se debe tomar siempre el signo Menos (-).

Se demuestra que cualquiera de las condiciones $|B_1/2C_1| > 1$ o $|B_2/2C_2| > 1$ resultan similares a establecer que $|K| > 1$, siendo K el Factor de Rollet,

C.3. Determinación del Signo para Ganancia Máxima

definido en el capítulo donde se estudia la Estabilidad del amplificador (ver Apéndice E de [40]).

Luego, observando las condiciones enumeradas, si $|K| > 1$ con K positivo, o sea $K > 1$ ($B/2C > 1$), una solución de (C.7)/(C.10) presenta magnitud mayor que uno (signo +) y la otra presenta magnitud menor a uno (signo -), siendo esta última la que más interesa.

Puede demostrarse que para el caso $|K| > 1$ con K negativo, es decir $K < -1$ ($B/2C < -1$), la adaptación conjugada simultánea no existe [40].

Por cuestiones de estabilidad, y como ya se indicó, interesa que $|\Gamma_{mS}| < 1$ y $|\Gamma_{mL}| < 1$, por lo tanto la solución con el Signo Menos (-) es la importante.

Por todo esto, se concluye que en términos del Factor de Rollet (K), la condición necesaria para que una red de dos puertos pueda presentar adaptación conjugada simultáneamente en ambos puertos (fuente y carga) con $|\Gamma_{mS}| < 1$ y $|\Gamma_{mL}| < 1$ es:

$$K > 1$$

Esta es una condición necesaria pero no suficiente para lograr estabilidad incondicional. Para que la red de dos puertos presente Estabilidad Incondicional es necesario que $K > 1$ y $|\Delta| < 1$ (ver Estabilidad). Luego, como $|\Delta| < 1$ implica que $B_1 > 0$ y $B_2 > 0$, se concluye entonces que se debe utilizar el Signo Menos (-) en las ecuaciones de Γ_{mS} y Γ_{mL} cuando se busca la adaptación conjugada simultánea en una red de dos puertos incondicionalmente estable [40].

CAPÍTULO C. Adaptación Conjugada Simultánea

Apéndice D

Círculos de Ganancia Constante

Para mostrar esto, en la ecuación (7.31) se expande el factor g_S:

$$g_S|1 - S_{11}\Gamma_S|^2 = \left(1 - |\Gamma_S|^2\right)\left(1 - |S_{11}|^2\right)$$

y considerando que [1]

$$|1 - S_{11}\Gamma_S|^2 = 1 - S_{11}\Gamma_S - S_{11}^*\Gamma_S^* + |S_{11}\Gamma_S|^2$$

por lo que la expansión de la ecuación de g_S queda:

$$g_S\left(1 + |S_{11}\Gamma_S|^2 - S_{11}\Gamma_S - S_{11}^*\Gamma_S^*\right) = 1 - |\Gamma_S|^2 - |S_{11}|^2 + |\Gamma_S|^2|S_{11}|^2$$

Reordenando y sacando factor común $|\Gamma_S|^2$

$$|\Gamma_S|^2\left(1 - |S_{11}|^2 + g_S|S_{11}|^2\right) - g_S\left(S_{11}\Gamma_S + S_{11}^*\Gamma_S^*\right) = 1 - |S_{11}|^2 - g_S$$

A partir de aquí, puede demostrarse que esta última ecuación deriva en la ecuación de un círculo definido por [40][42]:

$$|\Gamma_S - C_S| = r_S$$

$$C_S = \frac{g_S S_{11}^*}{1 - (1 - g_S)|S_{11}|^2}$$

---

[1] Se demuestra simplemente desarrollando ambos miembros de la igualdad.

$$r_S = \frac{\sqrt{1 - g_S}(1 - |S_{11}|^2)}{1 - (1 - g_S)|S_{11}|^2}$$

donde C_S y r_S son el Centro y el Radio del mismo, respectivamente.

Exactamente de la misma forma se obtiene el Círculo de Ganancia Constante para el bloque de salida [40][42].

Bibliografía

[1] W. Tomasi, *Sistemas de Comunicaciones Electrónicas*, Segunda Edición, Prentice Hall, Hispanoamérica S.A., México, 1996.

[2] IEEE Aerospace & Electronic System Society, *IEEE Standard Letter Designations for Radar-Frequency Bands*, IEEE, New York, 2003.

[3] E. J. Menso, *Microondas, conceptos y aplicaciones*, Universitas, Córdoba, 2007.

[4] H. H. Skilling, *Circuitos en Ingeniería Electrónica*, Segunda Edición, Copañia Editorial Continental, México, 1973.

[5] E. C. Jordan y K. G. Balmain, *Ondas Electromangéticas y Sistemas Radiantes*, Tercera Edición, Editorial Paraninfo, Madrid, 1983.

[6] S. Ramo, J. R. Whinnery, T. Van Duzer, *Campos y Ondas*, Editorial Pirámide, Madrid, 1965.

[7] C. T. Johnk, *Teoría Electromangética*, Editorial Limusa, México, 1981.

[8] A. N. Bianchi, *Sistemas de Ondas Guiadas*, Editorial Marcombo, Barcelona, 1980.

[9] M. N. O. Sadiku, *Elementos de Electromagnetismo*, Tercera Edición, Alfaomega, México, 2000.

[10] I. J. Bahl and D. K. Trivedi, "A Designer's Guide To Microstrip Line", *Microwaves*, May 1977, pp. 174-182.

[11] T. H. Lee, *Planar Microwave Engineering*, Cambridge University Press, USA, 2004.

[12] K. C. Gupta, R. Garg, I. J. Bahl, P. Bhartia, *Microstrip Lines and Slotlines*, Second Edition, Artech House, Norwood, USA, 1996.

[13] C. Nguyen, *Analysis Methods for RF, Microwave and Milimeter-Wave Planar Transmission Lines Structures*, John Wiley and Sons, USA, 2001.

[14] Aerican Radio Relay League, *The ARRL UHF/Microwave Experimenter's Manual*, American Radio Relay League, USA, 1991.

[15] J. Amado, *Introducción a las Microondas: Microtiras*, Apuntes de Cátedra Electrónica Analógica III, FCEFyN, UNC, Córdoba, 2007.

[16] H. A. Wheeler, "Transmission-Line Properties of Parallel Wide Strips by a Conformal-Mapping Aproximation", *IEEE Transaction on Micrwave Theory and Techniques*, Vol. 12, Iss. 3, pp. 280-289, 1964.

[17] H. A. Wheeler, "Transmission-Line Properties of Parallel Strips Separated by a Dielectric Sheet", *IEEE Transaction on Micrwave Theory and Techniques*, Vol. 13, Iss. 2, pp. 172-185, 1965.

[18] M. V. Schneider, "Microstripo Lines for Microwave Integrated Circuits", *The Bell Systems Technical Journal*, Vol. 48, Iss. 8, pp. 1421-1444, 1969.

[19] E. O. Hammerstad, "Equations for Microstrip Circuit Design", *Proceedings of 5th European Microwave Conference*, pp 268-272, Hamburg, Germany, 1975.

[20] H. A. Wheeler, "Transmission Line Properties of a Strip on a Dielectric Sheet on a Plane", *IEEE Transaction on Micrwave Theory and Techniques*, Vol. 25, Iss. 8, pp. 631-647, 1977.

[21] H. A. Wheeler, "Transmission Line Properties of a Strip Line Between Parallel Planes", *IEEE Transaction on Micrwave Theory and Techniques*, Vol. 26, Iss. 11, pp. 866-876, 1978.

[22] E. Hammerstad and O. Jensen, "Accurate Models for Microstrip Computer-Aided Design", *1980 IEEE MTT-S International Symposium Digest*, IEEE Catalog 80CH1545-3MTT, pp. 407-409, 1980.

[23] E. Hammerstad and O. Jensen, "Computer-Aided Design of Microstrip Couplers with Accurate Discontinuity Models", *1981 IEEE MTT-S International Symposium Digest*, IEEE Catalog 80CH1545-3MTT, pp. 54-56, 1981.

[24] T. C. Edwards and M. B. Steer, *Foundations of Interconnect and Microstrip Design*, Third Edition, John Wiley and Sons, England, 2000.

BIBLIOGRAFÍA

[25] R. Mongia, I. Bahl, P. Barthia, *RF and Microwave Coupled-Line Circuits*, Artech House, Norwood, MA, USA, 1999.

[26] J. Verspecht and D. E. Root, "Polyharmonic Distortion Modeling", *IEEE Microwave Magazine*, Vol. 7, No. 3, pp. 44-57, June 2006.

[27] H. H. Skilling, *Circuitos en Ingeniería Eléctrica*, Compañia Editorial Continental S.A., México, 1967.

[28] M. E. Van Valkenburg, *Análisis de Redes*, Limusa, México, 1989.

[29] R. C. Dorf y J. A. Svoboda, *Circuitos Eléctricos*, Sexta Edición, Alfaomega, México, 2006.

[30] J. A. Edminister, *Circuitos Eléctricos*, Segunda Edición, McGraw-Hill, México, 1985.

[31] D. L Schilling y C. Belove, *Circuitos Electrónicos Discretos e Integrados*, Segunda Edición, Marcombo, México, 1988.

[32] G. L Matthaei, L. Young, E. M. T. Jones, *Microwave Filters, Impedance-Matching Networks, and Coupling Structures*, Artech House, USA, 1980.

[33] H. C. Krauss, C. W. Bostian, F. H. Raab, *Solid State Radio Engineering*, John Wiley and Sons, USA, 1980.

[34] T. T. Ha, *Solid State Microwave Amplifier Design*, John Wiley and Sons, USA, 1981.

[35] Hewlett Packard, *Application Note 95-1, S-Parameters Techniques*, Hewlett Packard Company, USA, 1997.

[36] Hewlett Packard, *Application Note 154, S-Parameters Design*, Hewlett Packard Company, USA, 1990.

[37] Hewlett Packard, "S-Parameters Techniques for Faster, More Accurate Network Design", *Hewlett-Packard Journal*, Vol. 18, Num. 6, Palo Alto, California, USA, 1967.

[38] R. B. Marks and D. F. Williams, "A General Waveguide Circuit Theory", *Journal of Research of the National Institute of Standard and Technology*, Vol 97, Num 5, Boulder, CO, USA, 1992.

[39] J. A. Dobrowolski, *Microwave Network Design Using the Scattering Matrix*, , Artech House, Norwood, MA, USA, 2010.

[40] G. Gonzalez, *Microwave Transistor Amplifier: Analysis and Design*, 2nd Edition, Prntice Hall, Englewood Cliff, NJ, USA, 1997.

[41] Agilent Technologies, *Application Note 1287-1, Understanding the Fundamental Principles of Vector Network Analyzer*, Agilent Technologies, USA, 2000.

[42] D. Pozar, *Microwave Engineering*, 3rd Edition, John Wiley and Soons, USA, 2005.

[43] E. Díaz, *Análisis de Sistemas Lineales Mediante Gráficos de Flujo de Señal*, Universitas, Córdoba, Argentina, 2007.

[44] K. Ogata, *Ingeniería de Control Moderna*, Segunda Edición, Prentice-Hall Hispanoamérica S.A., México, 1993.

[45] T. Grosh, *Small Signal Microwave Amplifier Design*, Noble Publishing Corportation, USA, 1999.

[46] S. Maas, *Nonlinear Microwave and RF Circuits*, Second Edition, Artech House, Norwood, USA, 2003.

[47] M. L. Edwards and J. H. Sinsky, "A New Criterion for Linear 2-Port Stability Using a Single Geometrically Derived Parameter", *IEEE Transaction on Microwave Theory and Techniques*, Vol. 40, pp 2303-2311, December 1992.

[48] American Radio Relay League, *The ARRL UHF/Microwave Experimenter's Manual*, American Radio Relay League, CT, USA; 1990.

[49] G. D. Vandelin, A. M. Pavio, U. L. Rhode, *Microwave Circuit Design Using Linear and Nonlinear Techniques*, Second Edition, Wiley Interscience, USA, 2005.

Índice alfabético

ÍNDICE ALFABÉTICO